Microsoft 365 Copilot

Copilot × Office
完整應用術
工作學習效率大提升

林文恭、林昜民 著

序

　　AI 的發展歷經了數十年，一直停留在「研究」課題，直到「生成」式 AI 的誕生，這個改變人類生活的創新才真正走入所有人的生活，有一句玩笑話這麼說：「今天你若不懂 AI，明天的生活便會很 BI（悲哀）」，近期風靡所有社群平台的「吉卜力」照片風，便充分展現 AI 應用的生命力。

　　「生成」簡單的說法就是無中生有，電腦可以透過學習不斷累積經驗，而這些經驗就可以做出決策、舉一反三，而且會越來越聰明，就如同人類的學習一樣，目前的 AI 技術可以：寫作文、寫程式、畫畫、下棋、陪你聊天、自動駕駛、…，所有可以透過學習而取得的能力，AI 都可達到，問題只在於 AI 的智商有多高：小學生、中學生、大學生，這就必須仰賴高端晶片、大型學習模型的不斷進化。

　　筆者剛入職場時，會打字就是一種能力，10 年後入職者被要求使用應用軟體，隨著商業競爭加劇，辦公室工作族群便被要求身兼數職，必須承接跨領域的業務，不管一個人多努力，上帝也只給予 24 小時 / 天，然而生成式 AI 橫空出世了，Microsoft 微軟更將生成式 AI 置入 Office 應用軟體中，它的名字就叫做 Microsoft Copilot，它就是辦公室工作族群的救世主：

- 不會：寫程式、寫詩、畫畫、做企劃案，Copilot 幫你做！
- 提升效率：長文重點歸納、文件改編、外文翻譯，Copilot 瞬間完成！
- 良師益友：一問一答 → 前後連貫 → 深入引導，Copilot 助你無中生有！

　　寫作期間筆者天天被驚嘆號擊暈！太聰明了、怎麼可能、It's amazing！一邊測試一邊驚呼。雖然它目前並不完美，但就如同培育小孩一樣，時間、投入就會讓小孩成長，AI 也是一樣的，希望這一本書可以陪伴大家，體驗 Microsoft Copilot 的神奇之旅。

　　最後得感謝本書共同作者林易民老師，在他的強力技術支援下，本書才得以順利付梓。

林文恭
2025/05/17

目錄

chapter 0　Microsoft Copilot

0.1　Microsoft Office Copilot 1
　▶ 家族成員
　▶ 尚未成熟的整合應用

0.2　付費機制 4

chapter 1　Image Creator 圖片產生器

1.1　軟體介面 5
1.2　提示詞包含的元素 8
　▶ 提示詞結構
　▶ 圖片中的內容
　▶ 圖片的風格
　▶ 各國文化
　▶ 構圖的工具
　▶ 攝影
　▶ 以形容詞描述氛圍

1.3　元素混搭範例 15
1.4　神來一筆 22

chapter 2　Copilot 在 Word 的應用

2.1　基本功能介紹 23
　▶ Copilot 操作介面
　▶ Word Copilot 的主要應用
　▶ 提示詞的規則

iii

2.2 Copilot 的起手式 25

2.3 Copilot 的問答模式 33
- ▶ 步驟 A：提出問題
- ▶ 步驟 B：使用 Copilot 的提示項目
- ▶ 步驟 C：針對某項目進行深度挖掘

2.4 短文件生成 37

2.5 使用 Copilot 進行專題製作 44
- ▶ A. 挑選主題
- ▶ B. 建立大綱
- ▶ C. 重點內文
- ▶ D. 案例提供
- ▶ E. 案例詳細資料
- ▶ F. 與時事結合
- ▶ G. 繼續深挖

2.6 使用 Copilot 產生問卷 50

2.7 Word Copilot 的雜項功能 54

chapter 3 Copilot 在 Excel 的應用

3.1 Excel Copilot 的功用 65
- ▶ 啟動 Excel Copilot
- ▶ 操作說明
- ▶ 表格命名
- ▶ 使用 Excel Copilot 注意事項

3.2 基礎操作篇 70

3.3 函數篇 87

3.4 樞紐分析與統計圖 103

3.5 巨集 111
▶ 產生巨集程式
▶ 巨集程式的環境介紹

chapter 4 Copilot 在 PowerPoint 的應用

4.1 基本功能介紹 127
▶ Copilot 操作介面
▶ Copilot 的主要應用

4.2 使用 Copilot 生成簡報 130

4.3 根據 Word 文件內容生成簡報 136
▶ 文件架構
▶ 分享
▶ 在 PowerPoint 匯入 Word 文件

4.4 由網頁產生內容 142
▶ 產生講稿
▶ 產生常見提問問題
▶ 繼續深挖

4.5 由 PDF 產生簡報 149
▶ 以 Word 開啟 PDF 文件
▶ 以檔案連結生成簡報
▶ 美化投影片
▶ 翻譯

4.6 聯合實作 155
  ▶ Word 重點整理
  ▶ Image Creator 生成圖片
  ▶ PowerPoint 投影片

chapter 5 Copilot 的完整拼圖

5.1 瀏覽器 Edge 159
  ▶ 搜尋功能
  ▶ 翻譯功能
  ▶ 生成式 AI 功能
  ▶ 圖片解說

5.2 Forms 表單 167
  ▶ 測驗
  ▶ 表單

5.3 Outlook 電子郵件管理員 179
  ▶ 寫信
  ▶ 回信

★ 本書教學影片及範例下載：
https://gogo123.com.tw/?page_id=12922

生成式 AI（人工智慧）崛起，AI 應用便快速滲入所有產業，Microsoft 身為辦公室自動化應用軟體的龍頭企業自然也不落人後，Microsoft Office Copilot 就是微軟旗下的生成式 AI 產品，Copilot 被設計為一個元件，這個元件被植入微軟系統下每一個應用軟體中。

Section 0.1　Microsoft Office Copilot

家族成員

- 瀏覽器：Edge Copilot

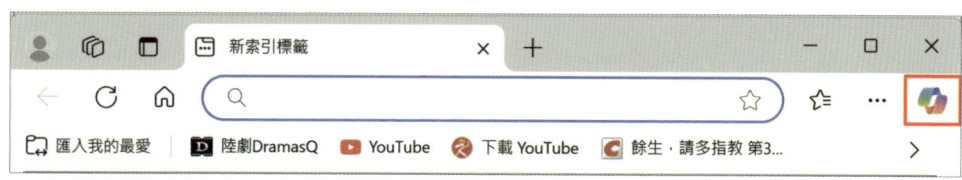

- 文書編輯：Word Copilot

- 試算表：Excel Copilot

- 簡報製作：PowerPoint Copilot

- 郵件處理：Outlook Copilot

- 表單：Forms Copilot

表單分為 2 個部分：問卷、考題。

- 圖片生成：Image Creator

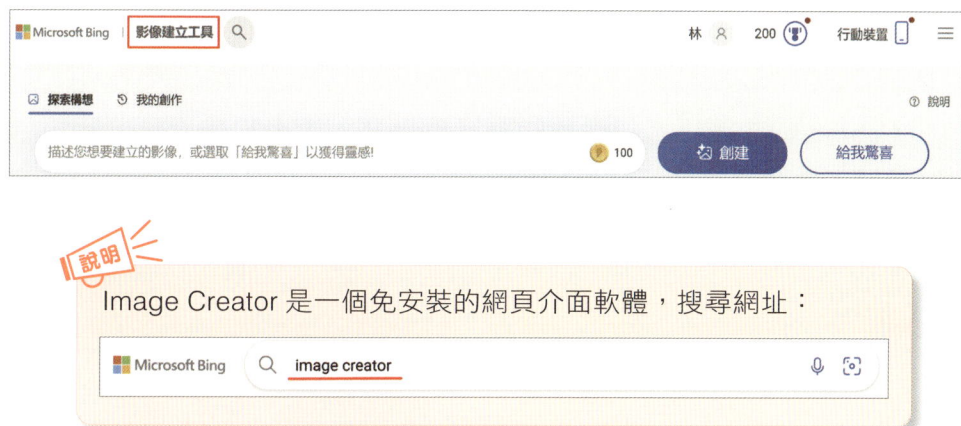

說明
Image Creator 是一個免安裝的網頁介面軟體，搜尋網址：

🔷 尚未成熟的整合應用

每一套應用軟體的功用不同，Copilot 的應用與產出自然也不同，使用者必須自行選擇適當的應用軟體，如此 Copilot 才能有高效的表現，舉例如下：

- 「表格」在 Word、Excel、PowerPoint 軟體下都是基本功能，但在三個軟體中分別請 Copilot 生成表格，結果是完全不同的，因此建議使用者必須自行測試。
- 我們希望生成某一個年度月份月曆表格，結果居然在 Edge 獲得完美解答。

我們將在後續的單元分別介紹每一個應用軟體下的 Copilot 應用。

Section 0.2 付費機制

使用者付費幾乎是軟體產業的常態了，微軟近年來不斷加強盜版軟體的取締與限制，讓違法使用軟體的障礙越來越高。

Copilot 的使用更是與微軟帳號深度綑綁，筆者目前就是訂閱一年期 M365，然後再加購 Copilot Pro，如此才能盡情測試各個應用軟體的 AI 生成功能。

> **說明**
>
> 對於一般使用者而言，訂閱 Microsoft 365 來使用整套 Office 軟體大概是最便利的方案，但對於 Copilot 有使用次數的限制：每一個月 60 次，筆者因為需要大量測試因此加購 Microsoft Copilot Pro。
>
> 2025 年價格如下：
> Microsoft 365：NT 3,090 每年，Microsoft Copilot Pro：NT 670 每月。

Image Creator 圖片產生器

　　Image Creator 是 Microsoft 提供的免費應用軟體,主要功能就是利用 AI「生成」圖片,使用者透過「文字」敘述,指導 Image Creator 生成圖片。

 必須有微軟的帳號,才能免費使用。

Section 1.1　軟體介面

- 在搜尋器中輸入「Image Creator」,點選第一個超連結:

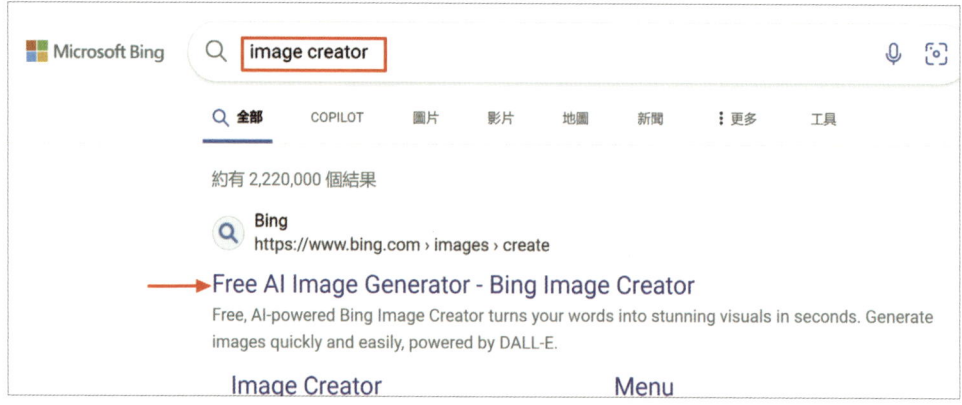

- 下圖便是微軟所提供的 Image Creator 操作介面：

- 操作步驟：（如上圖標示藍色 1、2、3）

  1. 選取：探索構想（預設）

  2. 輸入：「提示詞」

  3. 點選：創建

Image Creator 圖片產生器

- 使用者生成的圖片都會保留下來。
  點選：我的創作（如上圖標示紅色 **B**）

- 當使用者沒有自己的想法時，可以點選：給我驚喜，提示詞方塊內便會產生一串文字。

  點選：建立，便會根據提示詞生成圖片如下圖：

Section 1.2　提示詞包含的元素

AI 圖像提示是您提供給 Copilot 以生成圖像的文字輸入。它可以像一個短語一樣簡單，也可以像一個句子或段落一樣複雜。

提示詞結構

- 詳細主題
- 特定樣式
- 場景或設置
- 其他元素的清單

圖片中的內容

圖片的內容可包含：人、事、時、地、物，舉例如下：

- 人：一個人、一群人、男人、女人、…
- 物：一條狗、一個瓶子、一隻手錶、…
- 地：商場、夜市、海邊、辦公室、…
- 時：清晨、傍晚、半夜、…
- 事：數著鈔票、提著籃子、漫步、戴著帽子、…

內容的元素之間是可以產生連動的。

圖片的風格

- 成名的藝術家、漫畫家、動畫片、⋯,都具備特殊的風格,舉例如下:

提示詞 街上漫步的女孩,吉卜力風格

說明

「吉卜力」是由宮崎駿所命名,在全球最高日本動畫電影票房前十名當中,吉卜力的作品便包辦其中六項,吉卜力工作室最受好評且最賣座的作品有《魔法公主》、《神隱少女》、《霍爾的移動城堡》、《崖上的波妞》、《風起》等等。

提示詞 街上漫步的女孩,印象派風格

說明

印象派畫作常見的特色:短筆觸與不連貫輪廓、寬廣的構圖、日常生活題材、光影與色的彩特殊運用。

印象派代表藝術家:莫內。

> **提示詞**　街上漫步的女孩，幕夏風格

> **說明**
> 慕夏的作品具有鮮明的新藝術運動特徵，也有強烈的個人特點，他創作了大量的畫、海報、廣告和書的插畫，在畫中常出現美麗的女人穿著帶有新古典主義的長袍，四周圍繞著豐富的花草藻飾，且在女人的頭後方常會有光環。

> **備註**
> 請讀者自行嘗試以下不同的藝術流派與藝術家：
> - 藝術流派：文藝復興時期、現代藝術、日本藝術（浮世繪）。
> - 藝術家：達文西、米開朗基羅、梵谷、畢卡索。

各國文化

- 各國各地區的文化風俗也可以成為圖片的風格，舉例如下：

> **提示詞**　午後的優閒，日本庭園風

Image Creator 圖片產生器

> 💬 提示詞　午後的優閒，中國宮廷風

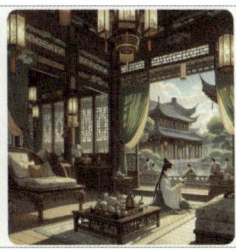

> 💬 提示詞　午後的優閒，印度風

構圖的工具

- 構圖的工具也可以是一種風格，舉例如下：

> 💬 提示詞　老鼠燈籠，紙雕

> 提示詞　老鼠燈籠，沙畫

> 提示詞　老鼠燈籠，水墨畫

> 說明　請注意！上圖中，「老鼠」跟「燈籠」被解釋為 2 個獨立物件。

> 提示詞　老鼠造型的燈籠，水墨畫

> 說明
> - 效果：鉛筆畫、炭筆畫、彩色鉛筆、原子筆、粉筆。
> - 媒材、材質：剪紙藝術、摺紙藝術、街頭塗鴉、彩繪玻璃、馬賽克拼貼。

攝影

- 以相機作畫是數位時代的新選擇：

提示詞 基隆嶼，鳥瞰攝影

提示詞 午後蓮花池，黑白照片，廣角

提示詞 午後雷陣雨街景，拍立得

> **備註**
> 請讀者自行嘗試以下選項效果：
> - 攝影：生活照、團體照、自拍照、人像攝影。
> - 照片：數位單眼相機、拍立得、LOMO 相機、黑白照片、電影風。
> - 畫面角度：正面照、側面照、低角度鏡頭、高角度鏡頭、鳥瞰攝影。

以形容詞描述氛圍

- 對於專業名詞不熟悉的人，也可以使用口語形容詞來描述圖片的風格，舉例如下：

提示詞 三代同堂，經驗傳承

提示詞 三代同堂，互相扶持

Image Creator 圖片產生器

> 提示詞　三代同堂，溫馨

Section 1.3　元素混搭範例

> 提示詞　一個小女孩提著一籃蘋果在森林中漫步，森林中瀰漫著霧氣，陽光由霧氣中穿過

> 提示詞　貪婪的老闆數著錢，他禿頭，他挺著肚子，他抽著雪茄，他穿著吊帶褲，房間中滿室煙霧

15

> 💬 提示詞　貪婪的老闆擁著美女，抽著雪茄，吉卜力風格

> 💬 提示詞　土豪逛夜市，穿著日本木屐，戴著太陽眼鏡，戴著金表

> 💬 提示詞　媽祖，敦煌壁畫，高清，細緻，色彩柔和

Image Creator 圖片產生器

提示詞 功夫熊貓，高清，插畫，色彩柔和，可愛版

提示詞 女孩穿著中國古典服飾，手上抱有一束花，水彩畫，慕夏風格

提示詞 老爺爺身穿和服，站立於樹下，手上拿著一根拐杖，紙雕，藍色色系，慕夏風格

Microsoft 365 Copilot
Copilot × Office 完整應用術

💬 提示詞　海賊王，沙雕，童話、可愛版

💬 提示詞　穿著和服撐著傘的女子，佇立在櫻花道，寫實照片風格

💬 提示詞　少女武則天，挖著鼻孔，翹著二郎腿，坐在騎樓下，搞笑版

Image Creator 圖片產生器

> 💬 提示詞　仙女懸浮在空中，金黃色靈氣流動在身邊，8K，寫實風格

> 💬 提示詞　排球少年，粉彩，色調鮮明，浮世繪風格

> 💬 提示詞　印度美女，高貴典雅，阿里巴巴風

19

💬 提示詞　Jurassic Park，cartoon

 提示詞嘗試以英文表達。

💬 提示詞　Jurassic Park，comic

 請比較 Cartoon 卡通與 comic 漫畫的差異。

💬 提示詞　圖中央為 2025 年 2 月份月曆，四周點綴中國新年氣氛

 2025 年 2 月是正確的，月曆內的日期卻是虛構的。

Image Creator 圖片產生器

💬 提示詞　小沙彌禪修,手持念珠,明月當空,漫畫

> **備註**
> 請讀者自行嘗試以下不同效果:
> 動畫、卡通、漫畫;皮克斯動畫、夢工廠動畫、迪士尼動畫、漫威動畫。

💬 提示詞　一個小男孩站在演講台,手拿麥克風,旁邊有對話泡泡,對話內容為 " I love U"

> **說明**　對話泡泡讓每一個人都可以成為漫畫家。

21

Section 1.4 神來一筆

筆者近期接受一個演講邀約,主題:「AI 在餐飲產業的應用」,製作投影片時,需要一張「智慧點餐員桌邊服務」的圖片,使用搜尋器的結果十分不理想,靈機一動 Image Creator !

> **提示詞** 餐廳內,餐服員拿著平板電腦協助顧客點餐,平板顯示出客戶歷史消費紀錄,客服員推薦清蒸魚出現在對話泡泡內

- 產生結果如下圖:

- 筆者完成的投影片如下圖:

Copilot 在 Word 的應用

　　Word 是文書編輯器，必須有內容才能編輯，由於教育環境的變遷，多數人的「作文」能力快速消退，甚至錯別字連篇，Copilot 的出現解決了現代人的痛點，只要有想法，Copilot 就為你「作文」。

Section 2.1 基本功能介紹

🗂 Copilot 操作介面

　　開啟 Copilot 對話窗格的功能鈕，位於【常用】項目下最右側，如下圖：

另外在游標所在段落左上方還有一個 Copilot 快捷鈕，如下圖：

- 點選：Copilot 快捷鈕，開啟「撰寫草稿」對話方塊，如下圖：

> **說明**
> 在此方塊內輸入「提示詞」，Copilot 便會為你生成文件草稿。

🗗 Word Copilot 的主要應用

Copilot 在 Word 的應用主要包含以下幾個項目：

1. 短文件生成：使用者只需提供簡單的「主題」、「要求」。
2. 專題文件生成：以一問一答方式，逐步發展文件架構。
3. 透過 Copilot 窗格，以對話方式變更文件內容。
4. 由舊文件中歸納重點。
5. 產生表格資料。
6. 由文件資料產生考題。
7. 語言翻譯。
8. 產生橫幅圖片。
9. 功能查詢。

提示詞的規則

使用者就是：總經理，Copilot 就是總經理的資深秘書，提示詞就是總經理對資深秘書所下的命令，使用者以「提示詞」告知 Copilot 您的需求。

提示可以包含以下四個部分：**目標**、**內容**、**期望**、**來源**，舉例說明如下：

目標	請幫我產生一份**應徵函**
內容	應徵學校：**致理科大**，科系：**資訊管理系**
期望	強調：**教學熱誠、實務經驗**
來源	資料來源：**個人資料 .docx**

Section 2.2 Copilot 的起手式

當你要草擬一份文件卻不知如何下手時，就直接點選 Copilot 快捷鍵，舉例如下：

範例 01 年度員工旅遊

▶ 點選段落上的 Copilot 快捷鈕

💬 提示詞　公司年度員工旅遊

25

▶ 點選：產生鈕，產生文件草稿如下圖：

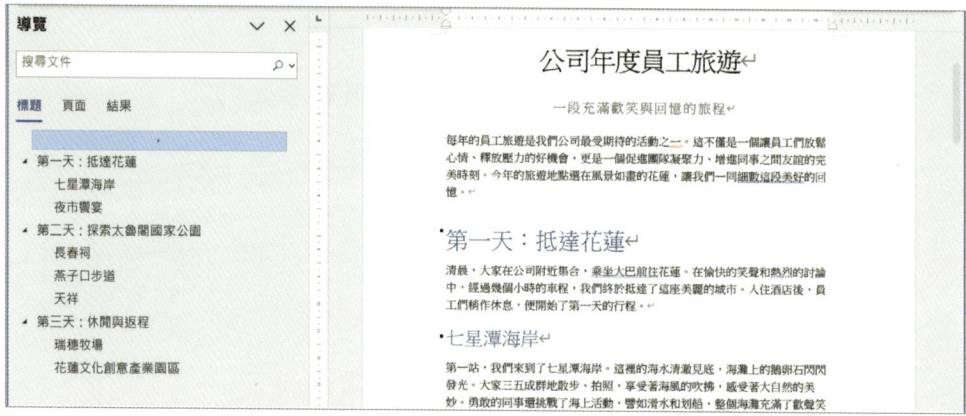

> **說明**
>
> 由於提示詞並未提供細節，Copilot 所提供的是 3 天旅遊行程表，未能符合我的預期。
>
> 開啟視窗左側「導覽」窗格，便可清楚看到文件結構。

範例 02　年度員工旅遊公告

我們希望得到的是一份「公告」，讓員工可以取得詳細資訊的報名辦法，因此提示詞必須更明確。

▶ 點選：Copilot 快捷鈕

提示詞　公司年度員工旅遊公告

▶ 點選：產生鈕，產生文件草稿如下圖：

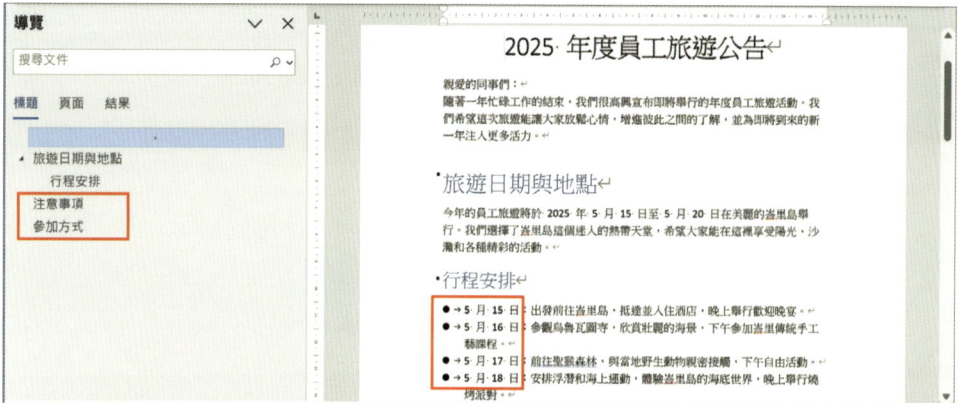

說明

提示詞多了「公告」2個字，文件的結構改變了，行程安排的細節也更完整了。

由於提示詞中並未提供細節，例如：日期、地點，因此目前文件中的內容仍然是虛構的。

範例 03　年度員工旅遊公告進階版

在提示詞內提供的資料越詳細，Copilot 所產生的文件內容便更完整。

▶ 點選：Copilot 快捷鈕

> **提示詞**
> 公司年度員工旅遊公告
> 地點：印尼峇厘島，日期：2025/03/01 ～ 2025/03/04，眷屬免費

▶ 點選：產生鈕，產生文件草稿如下圖：

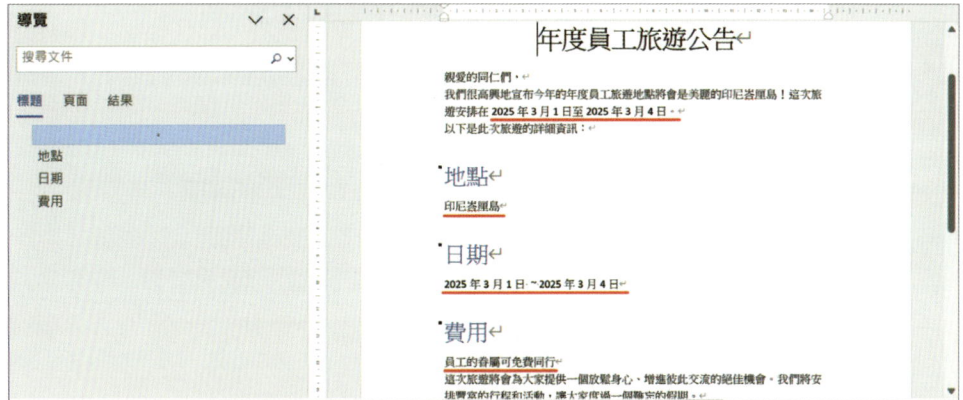

提示詞所提供的「細節」資料全部被安排到文件內。

CHAPTER 2　Copilot 在 Word 的應用

範例 04　內容改寫

假設前面範例的開場白太過簡單，我們希望可以寫得更煽情一些…

▶ 選取欲改寫的段落內容
▶ 點選：Copilot 快捷鈕，選取：撰寫提示

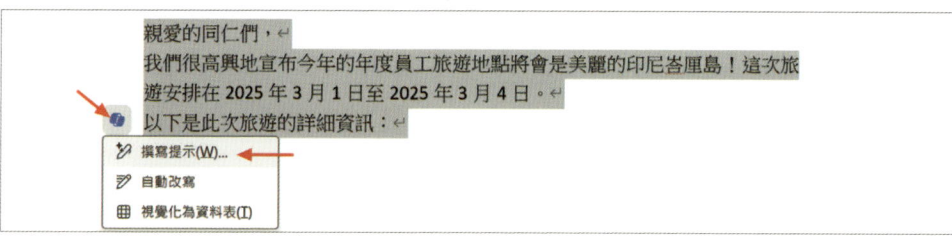

▶ 輸入提示詞如下圖：

提示詞　加上對員工辛勞的感謝詞

▶ 點選：產生鈕，產生文件草稿如下圖：

原稿
親愛的同仁們，
我們很高興地宣布今年的年度員工旅遊地點將會是美麗的印尼峇厘島！這次旅遊安排在 2025 年 3 月 1 日至 2025 年 3 月 4 日。
以下是此次旅遊的詳細資訊：

改寫
親愛的同仁們，
我們很高興地宣布今年的年度員工旅遊地點將會是美麗的印尼峇厘島！這次旅遊安排在 2025 年 3 月 1 日至 2025 年 3 月 4 日。
在此，我們要特別感謝大家一整年來的辛勞與付出。正因為有你們的努力和奉獻，公司才能夠持續成長和進步。
以下是此次旅遊的詳細資訊：

> **說明**
> 「對員工辛勞的感謝詞」被安排到文件內。
> 快捷鈕內還提供一個「自動改寫」功能，後續範例我們再進行介紹。

29

Microsoft 365 Copilot
Copilot × Office 完整應用術

範例 05　條列資料轉表格

假設前面範例的日期內容為一般段落文字，我們希望可以轉換為表格…

▶ 選取：日期段落內容

▶ 點選：Copilot 快捷鈕，點選：視覺化為資料表

▶ 產生文件草稿如下圖：

3 月 1 日：桃園機場出發、峇厘島迎賓活動
3 月 2 日：海上活動、山神廟
3 月 3 日：越野活動、觀景活動
3 月 4 日：Shopping、返回桃園機場

日期	活動
3 月 1 日	桃園機場出發、峇厘島迎賓活動
3 月 2 日	海上活動、山神廟
3 月 3 日	越野活動、觀景活動
3 月 4 日	Shopping、返回桃園機場

範例 06　資料剖析

有規則的文字資料也可以被轉換為表格。

▶ 開啟範例檔案：W01- 資料剖析 .docx

姓名,出生年月日,身分證號碼,住址,電話
武喘喘,30730,C131410290,台中市龍井區通明街 53 巷 7 號,02-26811212
邵欣瑜,30729,C223450309,台中市豐原區國安路 30 巷 6 號 1F,06-61801681
邱惠朗,30694,C198765316,台中市霧峰區深澳坑路 13-1 號,03-34224499
金惠粵,30723,C185149325,台中市大甲區中華路 69 巷 52 號,03-30917871
侯保貴,31087,F156395337,南投縣水里鄉十三層路 45 號,02-39940799

Copilot 在 Word 的應用 **2**

> **說明**
> 上圖中每一列文字，包含 6 個欄位，每一個欄位間以 "，" 分隔，像這樣有規則的資料都可以被轉換為表格。

▶ 選取資料段落內容

▶ 點選：Copilot 快捷鈕，點選：視覺化為資料表

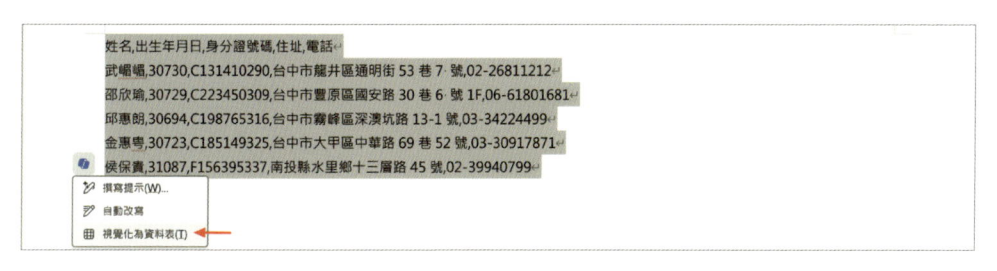

```
姓名,出生年月日,身分證號碼,住址,電話
武峋崛,30730,C131410290,台中市龍井區通明街 53 巷 7 號,02-26811212
邵欣瑜,30729,C223450309,台中市豐原區國安路 30 巷 6 號 1F,06-61801681
邱惠朗,30694,C198765316,台中市霧峰區深澳坑路 13-1 號,03-34224599
金惠粵,30723,C185149325,台中市大甲區中華路 69 巷 52 號,03-30917871
侯保貴,31087,F156395337,南投縣水里鄉十三層路 45 號,02-39940799
```
　撰寫提示(W)
　自動改寫
　視覺化為資料表(T)

> **說明**
> 欄位間的分隔符號可以是任何字元，但不可以是欄位的內容之一，以本範例而言，"$"、"*" 都可以作為欄位分隔符號。

▶ 產生表格如下圖：

姓名	出生年月日	身分證號碼	住址	電話
武峋崛	30730	C131410290	台中市龍井區通明街 53 巷 7 號	02-26811212
邵欣瑜	30729	C223450309	台中市豐原區國安路 30 巷 6 號 1F	06-61801681
邱惠朗	30694	C198765316	台中市霧峰區深澳坑路 13-1 號	03-34224599
金惠粵	30723	C185149325	台中市大甲區中華路 69 巷 52 號	03-30917871
侯保貴	31087	F156395337	南投縣水里鄉十三層路 45 號	02-39940799

範例 07　文字轉表格 - 意外篇

遇到複雜表格資料時，Copilot 可能會將表格自動轉換為「中式」表格，請參考以下範例。

▶ 開啟檔案：W02- 中式表格 .docx
　選取：履歷資料所有段落內容

▶ 點選：Copilot 快捷鈕，點選：視覺化為資料表，結果如下圖：

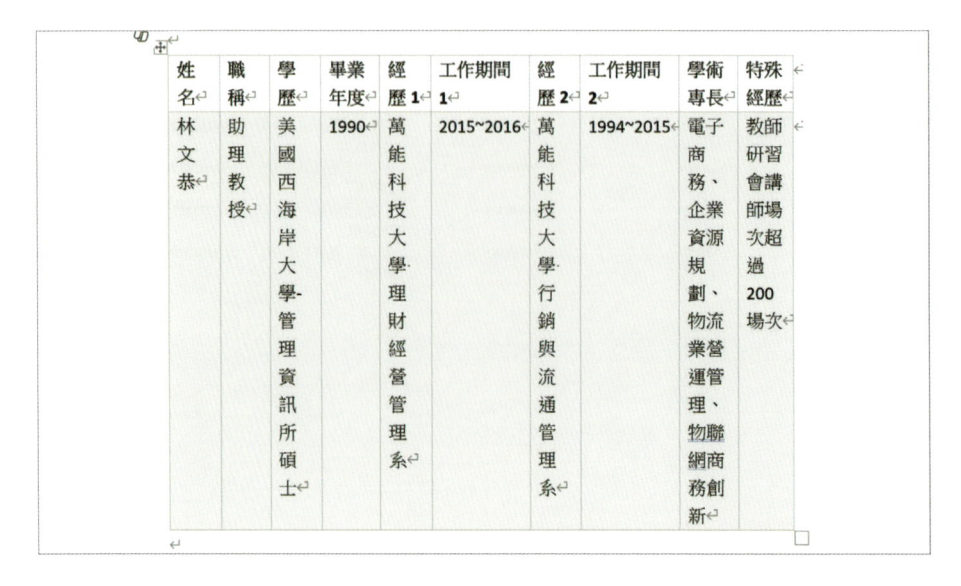

Copilot 在 Word 的應用 **2**

Section
2.3　Copilot 的問答模式

　　生成式 AI 問世之前，要在網路上取得資料，所有人都依賴搜尋引擎，然而得到的結果就是一大堆的超連結，使用者必須一一閱讀，最後再自行歸納整理，必須耗費大量時間，ChatGPT 問世後舉世譁然，因為他的回答有以下幾個特點：

A. 資料已整理好，簡明扼要，並附有來源以供核查。
B. 提供進一步資料探索的「提示」。
C. 使用者可根據 Copilot 的回覆進行更深入的追問。

🗂 步驟 A：提出問題

- 常用→ Copilot
- 輸入提示詞，點選：執行鈕，如下圖：

| 世界上最強大的國家？ | | 執行鈕 |
| 提示詞 | 🌐 🎤 ➤ | ← |

33

Copilot 回覆如下圖：

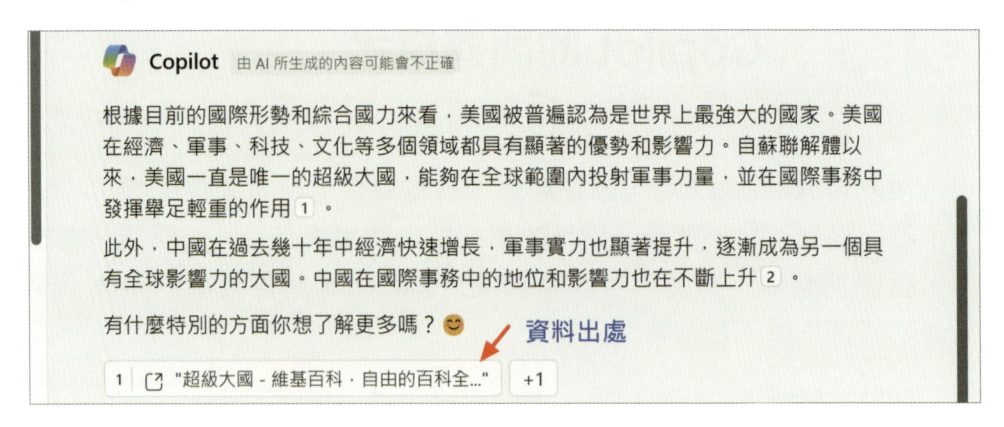

根據目前的國際形勢和綜合國力來看，美國被普遍認為是世界上最強大的國家。美國在經濟、軍事、科技、文化等多個領域都具有顯著的優勢和影響力。自蘇聯解體以來，美國一直是唯一的超級大國，能夠在全球範圍內投射軍事力量，並在國際事務中發揮舉足輕重的作用 [1]。

此外，中國在過去幾十年中經濟快速增長，軍事實力也顯著提升，逐漸成為另一個具有全球影響力的大國。中國在國際事務中的地位和影響力也在不斷上升 [2]。

有什麼特別的方面你想了解更多嗎？

[1] "超級大國 - 維基百科，自由的百科全..." ← 資料出處

除了內容回覆外，Copilot 還提供以下 2 個選項：

A → 插入

B → 美國的經濟優勢具體表現在哪些方面？　中國的軍事實力如何提升的？

說明

A：插入鈕，點選後，回覆內容將被插入視窗左側文件游標所在地方，如下圖：

> 根據目前的國際形勢和綜合國力來看，美國被普遍認為是世界上最強大的國家。美國在經濟、軍事、科技、文化等多個領域都具有顯著的優勢和影響力。自蘇聯解體以來，美國一直是唯一的超級大國，能夠在全球範圍內投射軍事力量，並在國際事務中發揮舉足輕重的作用。
>
> 此外，中國在過去幾十年中經濟快速增長，軍事實力也顯著提升，逐漸成為另一個具有全球影響力的大國。中國在國際事務中的地位和影響力也在不斷上升。

B：Copilot 提供後續問答的「提示」項目。

步驟 B：使用 Copilot 的提示項目

若我們對於 Copilot 提供的提示項目感興趣，就可進一步追問。

- 點選：提示項目「美國經濟優勢具體表現在哪些方面？」
  回覆內容如下圖：

> 美國的經濟優勢具體表現在以下幾個方面：
>
> 1. **多元化的經濟結構**：美國擁有高度發達的自由市場經濟體系，涵蓋農業、工業和服務業。服務業佔美國GDP的比例最高，達到81.4% [1]。
> 2. **技術創新和研發**：美國企業在技術開發和創新方面處於全球領先地位，擁有眾多如亞馬遜、蘋果公司、谷歌、微軟、英特爾、英偉達、特斯拉、Meta等具有國際競爭力的企業 [2]。
> 3. **龐大的消費市場**：美國是全球最大的消費市場，其國民生產總額中有將近70%是由私人消費所支撐的 [1]。
> 4. **金融市場和法律制度**：美國擁有成熟和規範的金融市場及背後的法律制度，這有利於企業創新和企業家精神的培養 [2]。
> 5. **自然資源和教育體系**：美國擁有豐富的自然資源和相對開放、覆蓋廣泛的公共教育以及高等教育體系 [2]。
> 6. **國際貿易和投資**：美國是世界上最大的經濟體，按名目GDP計算，美國占全球經濟的25.4%，按購買力平價計算，約占15.6% [2]。

步驟 C：針對某項目進行深度挖掘

若我們對於回覆資料的第 2 項有興趣，想要獲得更詳細資訊…

- 輸入提示詞，點選：執行鈕，如下圖：

> 請詳細介紹美國的技術創新與研發

Copilot 回覆如下圖：

美國在技術創新和研發方面處於全球領先地位，這主要表現在以下幾個方面：

1. **科技巨頭**：美國擁有眾多國際知名的科技公司，如亞馬遜、蘋果公司、谷歌、微軟、英特爾、英偉達、特斯拉和Meta等[1]。這些公司在各自的領域內不斷進行技術創新，推動了全球科技的發展。
2. **研發投入**：美國企業和政府在研發方面投入了大量資金。根據數據，美國的研發支出占GDP的比例一直保持在較高水平，這為技術創新提供了堅實的基礎。
3. **創新生態系統**：美國擁有完善的創新生態系統，包括頂尖的大學和研究機構、風險投資公司以及支持創業的政策環境。這些因素共同促進了技術創新和新興企業的發展。
4. **專利和知識產權**：美國在專利和知識產權保護方面也處於全球領先地位。這不僅保護了創新者的利益，還激勵了更多的技術創新。
5. **國際合作**：美國的科技公司和研究機構積極參與國際合作，與全球各地的科研人員和企業共同推動技術進步。

一個沒有經驗的詢問者，只要提出問題後，反覆執行步驟 B、步驟 C，就可一步一步建構出一篇完整的文件。

Section 2.4 短文件生成

對於辦公室小白而言，天天就是面對各式各樣的文件，包括：信件、信函、通知、計畫、公告、⋯，說白了就是作文比賽。

範例 01 演講邀請函 - 簡潔版

提示詞　演講邀請函

▶ 點選：執行鈕，產生內容如下圖：

> 尊敬的[受邀人姓名]，
>
> 您好！
>
> 我們誠摯地邀請您參加即將舉行的[活動名稱]，並希望您能在活動中發表演講。活動將於[日期]在[地點]舉行，主題為[主題]。
>
> 我們深知您的專業知識和經驗將為此次活動增添光彩，並為與會者帶來寶貴的見解。我們期待您的參與，並希望您能與我們分享您的寶貴經驗和觀點。
>
> 請您在[回覆截止日期]之前告知我們您的意向。如果您有任何問題或需要進一步的資訊，請隨時與我們聯繫。
>
> 感謝您的考慮，我們期待您的回覆。
>
> 此致
>
> 敬禮
>
> [您的姓名]
> [您的職位]
> [您的聯繫方式]
> [公司/組織名稱]

說明　當我們只提供簡單的文件名稱時，Copilot 會在生成的文件中，標示出需要補充的資料，並以中括弧 [ ] 標示，如上圖箭頭所示。

Microsoft 365 Copilot
Copilot × Office 完整應用術

範例 02　演講邀請函 - 細節版

💬 **提示詞**　請生成一封演講邀請函，資料如下：應邀人：林大可教授，日期：2025/4/1，時間：13:00~15:00，主題：AI 圖片生成，聯絡人：周曉可，連絡電話：1234567

▶ 點選：執行鈕，產生內容如下圖：

尊敬的林大可教授，

您好！

我們誠摯地邀請您參加即將舉行的活動，並希望您能在活動中發表演講。活動將於 2025 年 4 月 1 日 13:00 至 15:00 在[地點]舉行，主題為 AI 圖片生成。

我們深知您的專業知識和經驗將為此次活動增添光彩，並為與會者帶來寶貴的見解。我們期待您的參與，並希望您能與我們分享您的寶貴經驗和觀點。

請您在[回覆截止日期]之前告知我們您的意向。如果您有任何問題或需要進一步的資訊，請隨時與我們聯繫。

感謝您的考慮，我們期待您的回覆。

此致

敬禮

周曉可
[您的職位]
1234567
[公司/組織名稱]

📢 **說明**

提示詞中所提供的文件細節會被一一插入適當位置，如上圖藍色底線。

尚需補充的文件細節仍以中括弧 [ ] 標示，如上圖箭頭所示。

Copilot 在 Word 的應用 **2**

範例 03　演講邀請函 - 調整語氣

▶ 延續上一個範例：

💬 提示詞　多一些讚美的話

▶ 點選：執行鈕，產生內容如下圖：

> 尊敬的林大可教授，
> 您好！
> 我們誠摯地邀請您參加即將舉行的活動，並希望您能在活動中發表演講。活動將於 2025 年 4 月 1 日 13:00 至 15:00 在[地點]舉行，主題為 AI 圖片生成。
> 您的專業知識和卓越的研究成果在業界享有盛譽，我們深知您的參與將為此次活動增添光彩。您的洞察力和創新思維將為與會者帶來寶貴的見解和啟發。我們期待您的參與，並希望您能與我們分享您的寶貴經驗和觀點。
> 請您在[回覆截止日期]之前告知我們您的意向。如果您有任何問題或需要進一步的資訊，請隨時與我們聯繫。

📢 **說明**　對於受邀人的專業肯定內容更改如上圖紅線標示。

範例 04　演講邀請函 - 誤解版

提示詞：演講邀請函，應邀人：林大可教授，日期：2025/4/1，時間：13:00~15:00，主題：AI 圖片生成，聯絡人：周曉可，連絡電話：1234567

▶ 點選：執行鈕，產生內容如下圖：

說明

範例 02 提示詞：「請生成一封演講邀請函」→ 正確解讀。

範例 04 提示詞：「演講邀請函」，錯誤解讀：

Copilot 誤以為要產生一份「AI 圖片生成」，圖片內容是「演講邀請」，因此啟動 Designer 生成圖片。

重複執行 2 次，產生不同圖片，修正提示詞產生正確邀請函後，再以產生誤會的提示詞重新測試，Copilot 就變聰明不再產生誤解了。

Copilot 在 Word 的應用　**2**

範例 05　求職自傳

提示詞
請根據以下內容幫我生成一份自傳，用來應徵大專資訊科系教師
姓名：林文恭、性別：男、年齡：64、專長：電子商務、學歷：
美國西海岸大學碩士

▶ 點選：執行鈕，產生內容如下圖：

```
自傳
姓名：林文恭
性別：男
年齡：64
專長：電子商務
學歷：美國西海岸大學碩士
我叫林文恭，現年 64 歲，擁有美國西海岸大學碩士學位，專長於電子商務領域。自從畢業以來，我一直致力於電子商務的研究和教學，並在該領域積累了豐富的經驗和知識。
在我的職業生涯中，我曾擔任多家知名企業的電子商務顧問，幫助他們建立和優化電子商務平台，提升銷售業績。此外，我還參與了多項電子商務相關的研究項目，並在國際學術期刊上發表了多篇論文，為電子商務的理論和實踐做出了貢獻。
作為一名教師，我熱衷於將我的知識和經驗傳授給學生，並激發他們對電子商務的興趣。我相信，通過我的教學，學生們能夠掌握電子商務的核心概念和技能，並在未來的職業生涯中取得成功。
我希望能夠加入貴校資訊管理系，與貴校的師生共同努力，推動電子商務教育的發展。感謝您的考慮，期待您的回覆。
此致
敬禮
林文恭
```

▶ 延續範例：

提示詞
請增加以下實務經驗：ERP 協會顧問、教育資訊推動委員、技能
檢定專業作者

▶ 點選：執行鈕，產生內容如下圖紅色框線標示：

```
我叫林文恭，現年 64 歲，擁有美國西海岸大學碩士學位，專長於電子商務領域。自從畢業以來，我一直致力於電子商務的研究和教學，並在該領域積累了豐富的經驗和知識。
在我的職業生涯中，我曾擔任多家知名企業的電子商務顧問，幫助他們建立和優化電子商務平台，提升銷售業績。此外，我還參與了多項電子商務相關的研究項目，並在國際學術期刊上發表了多篇論文，為電子商務的理論和實踐做出了貢獻。
我還擔任 ERP 協會顧問，為企業提供 ERP 系統的實施和優化建議，提升企業的運營效率。作為資訊教育推動專員，我積極推動資訊教育的普及，幫助學生和企業員工提升資訊素養。此外，我也是技能檢定專業作者，撰寫了多本關於電子商務和資訊管理的專業書籍，為業界提供了寶貴的參考資料。
作為一名教師，我熱衷於將我的知識和經驗傳授給學生，並激發他們對電子商務的興趣。我相信，通過我的教學，學生們能夠掌握電子商務的核心概念和技能，並在未來的職業生涯中取得成功。
我希望能夠加入貴校資訊管理系，與貴校的師生共同努力，推動電子商務教育的發展。感謝您的考慮，期待您的回覆。
```

41

Microsoft 365 Copilot
Copilot × Office 完整應用術

範例 06 求職自傳 - 以簡歷產生

▶ 開啟檔案：W03- 簡歷 .docx

```
簡歷

姓名：林文恭
聯絡方式：
  • 電話：1234567890
  • 電子郵件：[example@example.com](mailto:example@example.com)
  • 地址：[您的地址]
個人簡介：擁有豐富電子商務經驗的資深專家，畢業於美國西海岸大學並取得碩士學位。對電子商務有著極大的熱情，積極參與各種專業研討會與培訓，不斷更新知識與技能。
工作經歷：
  • 電子商務顧問和項目經理
    ○ 負責規劃和執行各類電子商務項目
```

提示詞　請根據本文件產生一份自傳

▶ 點選：執行鈕，產生內容如下圖：

```
自傳

我叫林文恭，擁有豐富的電子商務經驗，是一位資深專家。我畢業於美國西海岸大學並取得碩士學位。對電子商務有著極大的熱情，積極參與各種專業研討會與培訓，不斷更新知識與技能。

在工作方面，我曾擔任電子商務顧問和項目經理，負責規劃和執行各類電子商務項目。我熟悉電子商務平台的運作模式，了解市場趨勢，擅長運用大數據分析來優化銷售策略。我注重細節，具備出色的問題解決能力，能夠在壓力下高效地完成工作。

此外，我還擁有豐富的教學經驗，曾擔任 200 場教師研習的主講人。我注重理論與實踐的結合，以實例講解複雜的概念，鼓勵學生在實際操作中學習與成長，幫助學生掌握最新的電子商務技術，了解市場需求，培養實戰能力。

我的職業目標是希望通過應聘致理科技大學資訊管理系教師的機會，將多年來的專業知識與實戰經驗分享給更多的學生，幫助他們成長與發展。

感謝您考慮我的申請。
```

Copilot 在 Word 的應用

範例 07 企業簡報

▶ 電子商務課程中，老師要求每一位學生，對電商之王 Amazon 做一份 1200 字的企業介紹…

▶ 在課程上，老師不斷提及企業的競爭力在於：遠見、創新力、執行力…

> **提示詞** 請產生一篇有關 Amazon 的企業介紹文，內容包括：創新、執行力、遠見，大約 1200 字

▶ 點選：執行鈕，產生內容如下圖：

- **Amazon 的企業介紹**

Amazon，這個名字已經成為全球電子商務和科技創新的代名詞。自 1994 年由 Jeff Bezos 創立以來，Amazon 不僅改變了人們的購物方式，還在多個領域引領了創新潮流。這家公司以其卓越的執行力和遠見卓識，成為了全球最具影響力的企業之一。

- **創新**

Amazon 的創新精神無處不在。從最初的網上書店到如今的全球電子商務巨頭，Amazon 始終走在技術創新的前沿。公司不斷推出新產品和服務，如 Amazon Prime、Amazon Web Services (AWS)、Alexa 智能助手和 Amazon Go 無人商店等。這些創新不僅提升了用戶體驗，還改變了整個行業的運作方式。

Amazon Prime 是一個典型的例子。這項服務最初只是提供快速配送，但隨著時間的推移，Amazon 不斷擴展其功能，包括流媒體視頻、音樂、電子書和雲端存儲等。這種多元化的服務模式不僅吸引了大量訂閱用戶，還增強了用戶的忠誠度。

AWS 則是另一個顯著的創新。作為全球領先的雲計算服務提供商，AWS 為數百萬企業提供了可靠的雲端基礎設施。這不僅幫助企業降低了 IT 成本，還加速了數字化轉型的進程。AWS 的成功也證明了 Amazon 在技術創新方面的領導地位。

- **執行力**

Amazon 的成功離不開其卓越的執行力。公司在全球範圍內建立了龐大的物流網絡，確保商品能夠快速、準確地送達消費者手中。這種高效的運營模式不僅提升了用戶滿意度，還大大增強了公司的競爭力。

> **提示詞** 請提供 Amazon 的成功創新案例

▶ 點選：執行鈕，產生內容如下圖：

Amazon Prime

Amazon Prime 是一個典型的成功創新案例。這項服務最初只是提供快速配送，但隨著時間的推移，Amazon 不斷擴展其功能，包括流媒體視頻、音樂、電子書和雲端存儲等。這種多元化的服務模式不僅吸引了大量訂閱用戶，還增強了用戶的忠誠度 [1]。

Amazon Web Services (AWS)

AWS 是另一個顯著的創新案例。作為全球領先的雲計算服務提供商，AWS 為數百萬企業提供了可靠的雲端基礎設施。這不僅幫助企業降低了 IT 成本，還加速了數字化轉型的進程。AWS 的成功也證明了 Amazon 在技術創新方面的領導地位 [2]。

Section 2.5 使用 Copilot 進行專題製作

對於「專題製作」這個主題而言，Copilot 就如同一個有經驗、有耐心的引導者，並為使用者提供一條龍服務：主題選擇→大綱建立→重點內文→案例提供→案例詳細資料，請參考以下範例：

A. 挑選主題

> 💬 提示詞　我是一個商業類科高三學生，現在要準備一份畢業專題報告，假設你是一位資深教師，你能給我選題的建議嗎？

- 點選：執行鈕，產生內容如下圖：

> 1. **市場分析與策略**：選擇一個特定的行業或市場，進行深入的市場分析，並提出相應的市場策略。你可以探討市場需求、競爭情況、消費者行為等方面。
> 2. **企業社會責任**：研究企業在社會責任方面的表現，分析其對企業形象和業務的影響。你可以選擇一家知名企業作為案例，探討其社會責任活動和效果。
> 3. **電子商務與數字行銷**：探討電子商務的發展趨勢和數字行銷策略，分析其對傳統商業模式的影響。你可以研究一些成功的電子商務平台，並提出改進建議。
> 4. **創業與創新**：研究創業過程中的挑戰和機遇，分析創新在企業中的重要性。你可以選擇一些成功的創業案例，探討其成功因素和創新策略。
> 5. **財務管理與投資分析**：探討企業的財務管理策略和投資分析方法，分析其對企業運營和發展的影響。你可以選擇一家企業，進行財務報表分析和投資建議。

- 假設讀者對於第 4 項：「創業與創新」很感興趣⋯

B. 建立大綱

提示詞 請提供 "創業與創新" 為主題的專題大綱

- 點選：執行鈕，產生內容如下圖：

> 1. **引言**
>   - 說明選擇此主題的原因
>   - 介紹創業與創新的重要性
> 2. **創業過程中的挑戰**
>   - 創業初期面臨的常見挑戰
>   - 資金籌集與財務管理
>   - 市場調查與定位
> 3. **創業成功案例分析**
>   - 選擇幾個成功的創業案例
>   - 分析其成功因素
>   - 探討創新在這些案例中的角色
> 4. **創新策略**
>   - 創新在企業中的重要性
>   - 不同類型的創新（產品創新、服務創新、流程創新等）

- 假設讀者對於第 2 項：「創業過程中的挑戰」很感興趣…

🗗 C. 重點內文

> 💬 提示詞　請提供 "創業過程中的挑戰" 詳細資料

- 點選：執行鈕，產生內容如下圖：

1. 創業初期面臨的常見挑戰

　○ **資金籌集與財務管理**：創業者通常需要大量資金來啟動和運營企業，這包括初始投資、運營資金和應急資金。籌集資金可能涉及向投資者、銀行或其他金融機構尋求資金支持。此外，創業者還需要有效地管理財務，確保資金的合理使用和現金流的穩定 [1] 。

　○ **市場調查與定位**：在創業初期，了解市場需求和競爭情況是至關重要的。創業者需要進行深入的市場調查，確定目標市場和消費者群體，並制定相應的市場定位策略 [2] 。

2. 資金籌集與財務管理

　○ **資金來源**：創業者可以通過多種途徑籌集資金，包括個人儲蓄、親友借款、天使投資、風險投資和銀行貸款等。每種資金來源都有其優缺點，創業者需要根據自身情況選擇合適的資金來源 [3] 。

　○ **財務規劃與管理**：創業者需要制定詳細的財務計劃，預測收入和支出，並

[插入] 　[請提供創業成功案例分析的詳細資料]　[創新策略有哪些具體例子？]　⟳

- 假設讀者對於 Copilot 所提供的建議「提示」（上圖箭頭所示）感興趣…

D. 案例提供

> 💬 提示詞　請提供台灣本土企業創業成功案例

- 點選：執行鈕，產生內容如下圖：

統一企業集團

統一企業集團由羅智先創辦，該集團在食品製造業領域表現卓越，成功打造成全球知名的食品品牌之一。羅智先的堅持和創新，使統一集團不斷壯大，成為台灣經濟的重要支柱 [1]。

美髮品牌Vedan

Vedan由林怡君創辦，她以對美髮行業的熱愛和創新思維，成功打造了這個台灣知名的美髮品牌。林怡君的創業故事激勵了許多年輕人，鼓舞他們勇於追逐夢想 [1]。

宏碁集團

宏碁集團由施振榮創辦，該集團在電腦科技領域的創新，使宏碁成為全球知名的電腦

> 💬 提示詞　請提供全球化企業創新成功案例

- 點選：執行鈕，產生內容如下圖：

---

1. **Apple**：Apple的iPhone在2007年推出，徹底改變了智能手機行業。Apple的創新不僅限於硬體，還包括用戶友好的iOS操作系統、App Store以及連接所有Apple設備的生態系統 [1]。
2. **Tesla**：Tesla在電動車領域的創新一直處於領先地位。他們的電動汽車在性能、續航和可持續性方面設立了新的標準，推動了整個汽車行業向電動化轉型 [1]。
3. **Amazon**：Amazon Echo和語音控制的Alexa虛擬助手的開發標誌著智能家居技術領域的一大步，改變了我們與周圍環境的互動方式 [1]。
4. **Google**：Google不斷創新搜索算法，確保用戶獲得最相關的搜索結果。這一創新改變了企業進行SEO和內容營銷的方式 [1]。

E. 案例詳細資料

- 假設讀者對於本土企業「美髮品牌 Vedan」感興趣…

> 💬 提示詞　請提供 Vedan 的創新具體作為

- 點選：執行鈕，產生內容如下圖：

1. **理念重塑**：味丹公司強調創新必須從理念重塑開始，這包括客戶關係、經營活動、戰略資源以及經濟模型的成本結構和收入流。每一個方面都包含多種商業模型創新的可能性 [2]。
2. **顧客關係創新**：味丹公司通過提升顧客關係來進行創新，例如引入零食箱，打開新通路和商機，支援上班族的客戶關係 [2]。
3. **行動創新**：味丹公司從提升效率到智能化，善用數位工作提升效率，這也是公司數位行政轉型的核心 [2]。
4. **資源創新**：味丹公司從持有到使用，例如公司的生產設備可以代工，銷售機能可以代理銷售 [2]。

F. 與時事結合

目前 AI 議題為所有產業發展的重中之重，上面提供的 Amazon 又是全球電商之王，若在專題中加入 AI + Amazon 的創新案例，必會對本專題加分不少，因此…

> 💬 提示詞　請提供 Amazon 在 AI 領域的創新案例

- 點選：執行鈕，產生內容如下圖：

> 1. **個性化推薦系統**：Amazon使用AI來分析用戶的購物行為和偏好，從而提供個性化的產品推薦。這些推薦系統不僅提高了用戶的購物體驗，還增加了銷售量 [1]。
> 2. **Alexa語音助手**：Alexa是Amazon的語音助手，利用AI技術來理解和回應用戶的語音指令。Alexa可以幫助用戶播放音樂、控制智能家居設備、查詢天氣等 [1]。
> 3. **物流和倉儲自動化**：Amazon在其倉儲和物流中心使用AI驅動的機器人來提高效率和準確性。這些機器人可以自動分類、包裝和運送商品，從而縮短交貨時間 [2]。
> 4. **Amazon Web Services (AWS)**：AWS提供了一系列AI和機器學習服務，幫助企業構建和部署AI應用。例如，Amazon SageMaker是一個全面的機器學習平台，允許開發者輕鬆地構建、訓練和部署機器學習模型 [1]。
> 5. **生成式AI**：Amazon正在開發和部署生成式AI模型，這些模型可以創建新的內容，如文本、圖像和音樂，並應用於各種業務場景 [3]。

G. 繼續深挖

在課堂中，老師提到 AWS 是目前全球市占最高的雲端服務供應商，因此 AWS 的 AI 創新應用，更是本專題的一個賣點…

> 💬 **提示詞**　請提供 AWS 在 AI 應用的詳細資料

- 點選：執行鈕，產生內容如下圖：

> AWS 提供了一系列 AI 和機器學習服務，幫助企業構建和部署 AI 應用。例如，Amazon SageMaker 是一個全面的機器學習平台，允許開發者輕鬆地構建、訓練和部署機器學習模型([https://digitaldefynd.com/IQ/artificial-intelligence-case-studies/)。]
> (https://digitaldefynd.com/IQ/artificial-intelligence-case-studies/)%E3%80%82)
>
> AWS 的生成式 AI 應用構建器簡化了生成式 AI 應用的開發和部署過程。這一解決方案包括與 Amazon Bedrock 及其大型語言模型（LLMs）的集成，並使用 Amazon Bedrock 工具來增強 AI 回應([https://mitsloan.mit.edu/ideas-made-to-

透過上面一連串的步驟，一篇專題就在彈指間「生成」了！

Section 2.6 使用 Copilot 產生問卷

問卷的專業產出應該使用 Forms，但在 Word 環境下，Copilot 對於內容的生成提供較為完整細膩的服務，因此筆者建議：

A. 使用 Word Copilot 產生問卷題目。
B. 使用 Forms 建立問卷完整系統。

以下我們將逐步示範，以不同程度的提示詞產生不同專業度的問卷調查表。

> 提示詞　請幫我擬一份消費者問卷滿意度調查表

- 點選：執行鈕，產生內容如下圖：

消費者滿意度調查表

親愛的顧客，您好！

感謝您選擇我們的產品/服務。為了更好地了解您的需求並提升我們的服務質量，請您花幾分鐘時間填寫以下問卷。您的意見對我們非常重要！

1. 您對我們產品/服務的整體滿意度如何？
　　●非常滿意　●滿意　●一般　●不滿意　●非常不滿意
2. 您對我們產品/服務的質量評價如何？
　　●非常滿意　●滿意　●一般　●不滿意　●非常不滿意
3. 您對我們的客服服務評價如何？
　　●非常滿意　●滿意　●一般　●不滿意　●非常不滿意

Copilot 在 Word 的應用

4. 您認為我們的產品/服務價格是否合理？
   ●非常滿意　●滿意　●一般　●不滿意　●非常不滿意
5. 您是否會推薦我們的產品/服務給其他人？
   ●會　●不會

> **說明**
> Copilot 產生的原始結果太佔篇幅，筆者加以編輯，讓多個選項置於同一列。

提示詞：我是**西式速食店**業者，請幫我擬一份消費者問卷調查表

- 點選：執行鈕，產生內容如下圖：

西式速食店消費者問卷調查表

親愛的顧客，您好！為了提供更好的服務，我們希望能了解您的消費經驗。請花幾分鐘時間填寫這份問卷，您的意見對我們非常重要。謝謝！

1. 您多久光顧一次本店？
   ●每週多次　●每週一次　●每月數次　●每月一次　●更少
2. 您對本店的整體滿意度如何？
   ●非常滿意　●滿意　●普通　●不滿意　●非常不滿意
3. 您最常點的餐點是什麼？
   ●漢堡　●炸雞　●薯條　●沙拉　●其他
4. 您對本店的食物品質評價如何？
   ●非常滿意　●滿意　●普通　●不滿意　●非常不滿意
5. 您對本店的服務態度評價如何？
   ●非常滿意　●滿意　●普通　●不滿意　●非常不滿意

6. 您對本店的環境衛生評價如何？
    ●非常滿意　●滿意　　●普通　　●不滿意　　●非常不滿意
7. 您是否會推薦本店給朋友或家人？
    ●會　　　●不會

說明

調查表內容第 3 項：納入西式速食店的主力產品項目。
調查表內容第 6 項：納入餐廳經營的關鍵項目「環境衛生」。

提示詞 我是西式速食店業者，假設您是粉領上班族，請問最在意的服務項目為何？

- 點選：執行鈕，產生內容如下圖：

作為一名**粉領上班族**，我最在意的服務項目通常包括以下幾個方面：
1. **快速服務**：上班族的時間通常非常寶貴，因此能夠快速拿到餐點是非常重要的。
2. **食物品質**：健康和美味的食物是吸引顧客的重要因素，尤其是對於需要保持精力充沛的上班族來說。
3. **環境衛生**：乾淨整潔的用餐環境能夠提升整體用餐體驗，讓顧客感到舒適。
4. **便捷性**：例如提供外送服務或線上訂餐，讓顧客能夠方便地享用餐點。
5. **友善的服務態度**：良好的服務態度能夠讓顧客感到被重視和尊重，提升顧客的滿意度。

說明

調查表內容根據關鍵字「粉領上班族」提出 5 項具體服務項目。

> **提示詞**　請幫我擬一份消費者滿意度問卷調查表，包含以下項目：
> 速度和效率、餐點品質、價格合理、便利性、舒適的環境、友善的服務態度

- 點選：執行鈕，產生內容如下圖：

消費者滿意度問卷調查表

親愛的顧客，感謝您光臨我們的餐廳。為了提供更好的服務，我們希望您能花幾分鐘填寫這份問卷。您的意見對我們非常重要。

1. **速度和效率**
   ○ 您對餐點的上菜速度滿意嗎？
   ○ 您對服務員的工作效率滿意嗎？

2. **餐點品質**
   ○ 您對餐點的味道和質量滿意嗎？
   ○ 餐點的外觀是否符合您的期望？

3. **價格合理**
   ○ 您認為餐廳的價格是否合理？
   ○ 您覺得餐點的性價比如何？

4. **便利性**
   ○ 餐廳的位置是否方便？
   ○ 餐廳的營業時間是否符合您的需求？

5. **舒適的環境**
   ○ 您對餐廳的整體環境滿意嗎？
   ○ 餐廳的清潔度是否符合您的期望？

6. **友善的服務態度**
   ○ 您對服務員的態度滿意嗎？
   ○ 您覺得服務員是否友善和樂於助人？

說明　調查表內容根據提示詞內的「明細資料」，產生問卷內容。

Section 2.7 Word Copilot 的雜項功能

範例 01 文件資料重點歸納

▶ 開啟文件：W04- 什麼是大數據？.docx

我們有一份文件，內容長達 4 頁，希望將此文件進行重點整理，以方便會議報告，如下圖：

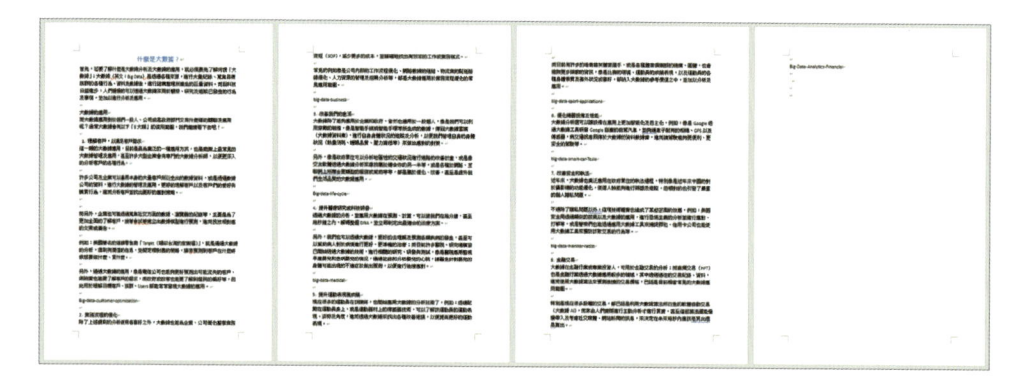

Copilot 在 Word 的應用

💬 提示詞　請彙整本文件重點？

▶ 點選：執行鈕，產生內容如下圖：

---

1. **大數據的定義**：大數據是透過各種來源，進行大量紀錄、蒐集目標族群的各種行為、資料及數據後，進行結構整理所產生的巨量資料。

2. **大數據的應用範圍**：文件中提到大數據有八大類的使用範圍，包括理解客戶需求、優化業務流程、改善生活品質、提升醫療研究、提升運動表現、優化機器設備、改善安全和執法以及金融交易。

3. **理解客戶需求**：大數據應用最廣泛的一種方式是商業上理解客戶需求，企業可以透過大數據分析來更好地理解客戶行為，並制定相應的策略。

4. **優化業務流程**：大數據能幫助企業優化整套業務流程，減少成本，並提高工作效率。

5. **改善生活品質**：大數據應用於個人生活中，例如智能手錶或手環生成的數據可以幫助我們管理自身的身體狀況。

6. **提升醫療研究**：大數據能幫助醫療機構更好地理解及預測疾病，並制定出最適合的治療方案。

7. **提升運動表現**：運動員可以透過大數據分析技術來提高運動表現。

8. **優化機器設備**：大數據分析可以讓設備更加智能化及自主化，例如自駕汽車。

9. **改善安全和執法**：大數據技術應用於政府單位的執法過程，雖然引發隱私問題，但也達成了某些正面的效應。

10. **金融交易**：大數據在金融行業的應用，包括高頻交易和自動交易。

📢 **說明**　4 頁內容最後彙整為 10 個重點項目。

範例 02　自動改寫

筆者撰寫教材時，經常會使用一些「口語」式的文字描述，出版社的編輯便會進行一些「文字」的修正建議，讓教材更正式、專業一些，現在 Copilot 就可以勝任這樣的工作。

▶ 開啟文件：W05-Target 孕婦商品 .docx
▶ 選取內文，點選：Copilot 快捷鈕→自動改寫，如下圖：

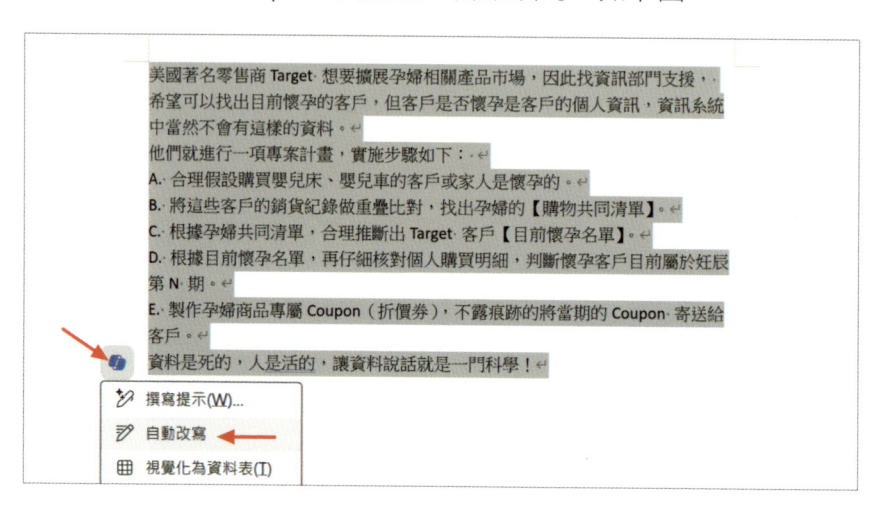

Copilot 產生 3 個版本，如下圖：

說明 請參考起始的文字敘述，變得簡捷。

Copilot 在 Word 的應用 **2**

▶ 點選：＜１／３＞的右邊箭號即可切換到一個範本，如下圖：

> 使用 Copilot 重寫 ＜ 2／3 ＞　　　　　　　　　　×
>
> 美國著名零售商 Target 希望擴展與孕婦相關產品的市場，因此尋求資訊部門的支援，以找出目前懷孕的客戶。由於客戶是否懷孕屬於個人資訊，資訊系統中並無記錄此類資料。他們進行了一項專案計畫，實施步驟如下：
>
> A. 假設購買嬰兒床、嬰兒車的客戶或其家人可能是懷孕的。
>
> B. 將這些客戶的銷貨紀錄進行比對，找出孕婦的【購物共同清單】。
>
> C. 根據孕婦的共同清單，推斷出 Target 客戶【目前懷孕名單】。
>
> D. 根據目前懷孕名單，再仔細核對個人購買明細，判斷懷孕客戶目前屬於妊辰的哪一期。
>
> E. 製作孕婦商品專屬優惠券，並將當期的優惠券寄送給這些客戶。
>
> 這是一種運用資料進行分析的科學方法。

說明 請參考結束的文字敘述，變得簡捷、正式。

▶ 點選：＜２／３＞的右邊箭號即可切換到一個範本，如下圖：

> 使用 Copilot 重寫 ＜ 3／3 ＞　　　　　　　　　　×
>
> 美國知名零售商 Target 希望擴展孕婦相關產品市場，因此委託資訊部門進行相應的調查和分析，以確定當前懷孕的客戶。然而，客戶是否懷孕屬於個人隱私，資訊系統中自然不會有此類數據。因此，他們展開了一項專案計畫，實施步驟如下：
>
> A. 合理假設購買嬰兒床、嬰兒車的客戶或其家人可能處於懷孕狀態。
>
> B. 將這些客戶的銷售紀錄進行重疊比對，找出孕婦的【購物共同清單】。
>
> C. 根據孕婦的共同清單，合理推斷出 Target 客戶的【目前懷孕名單】。
>
> D. 根據目前懷孕名單，再仔細核對個人購買明細，判斷懷孕客戶目前屬於妊娠的具體階段。
>
> E. 製作針對孕婦產品的專屬優惠券，並將當期優惠券不露痕跡地寄送給客戶…
>
> 通過這種方式，Target 能夠更有效地識別和服務其懷孕客戶群體。讓資料說話是科學的一部分，合理運用資料能夠帶來顯著的市場優勢。

說明 開頭與結束的文字都經過潤飾。

範例 03 語言翻譯

英文是全球通用語言，網路所能取得的資訊也是以英文內容最為豐富，因此將英文內容轉換為在地語言內容，便成為一項日常工作。

▶ 開啟文件：W06-big data in healthcare.docx

```
Can you give examples of big data in healthcare?
Absolutely! Here are some examples of how big data is making a significant impact in the healthcare industry:
1. Predictive Analytics for Patient Outcomes: By analyzing large datasets of patient information, healthcare providers can predict the likelihood of disease outbreaks, patient readmissions, and the progression of chronic diseases. This enables them to take preventative measures and offer targeted treatments.
2. Personalized Medicine: Big data allows for the creation of tailored treatment plans based on individual genetic information, lifestyle, and health history. This approach can improve the efficacy of
```

▶ 校閱→語言→翻譯

- 可選擇整篇「文件」或「選取範圍」內容翻譯
- 目標語言有 2 個選項：Chinese（Literary）簡體中文 繁體中文（繁體）

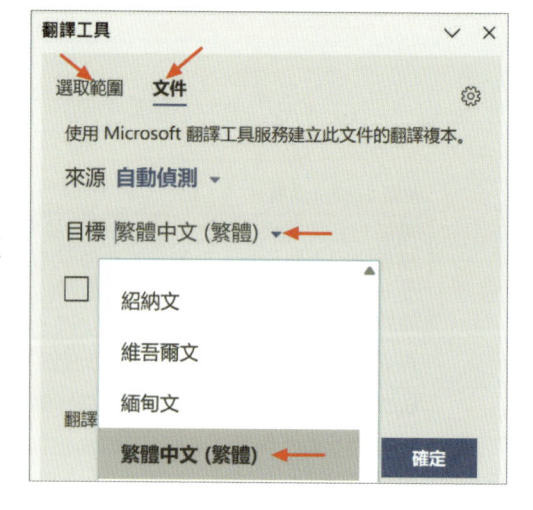

▶ 選取：文件，選取：繁體中文，翻譯結果如下圖：

您能舉例說明醫療保健領域的大數據嗎？
絕對！以下是大數據如何對醫療保健行業產生重大影響的一些示例：
1. 患者結果的預測分析：通過分析大量患者資訊，醫療保健提供者可以預測疾病爆發、患者再入院和慢性病進展的可能性。這使他們能夠採取預防措施並提供有針對性的治療。
2. 個性化醫療：大數據允許根據個人遺傳資訊、生活方式和健康史創建量身定製的治療計劃。這種方法可以提高治療效果並減少不良反應。
3. 疾病跟蹤和預防：通過匯總來自各種來源（包括社交媒體、搜尋引擎和健康記錄）的數據，公共衛生官員可以監測和預測傳染病的傳播。這有助於及時干預和資源分配。

▶ 選取：文件，選取：簡體中文，翻譯結果如下圖：

子能舉例說明医疗保健域之大数乎？
绝对! 以下大数医疗保健行业之大者示例。
1. 曰:大信医疗保健提供者,入院慢性病进也。此可以预防措施针对性也。
2. 个性化医:大数许以私遗传信息、居处、健康史创量身定制。此可以益治而损不良反应。
3. 疾踪迹预防:总自诸源(包社交媒体、搜索引擎、康录)之数,公共卫生官得监测占染之传。此有助于时资源分配。

> **說明**
>
> 翻譯的結果是產生一份新文件，並不會與原文件混在一起。
>
> 對比之下，目前的繁體翻譯結果比簡體翻譯更精確！
>
> 如果取得的文件是二手資料：英文→簡體中文，我們再將簡體中文翻譯為繁體中文，產生的文件內容將會產生極大的偏差。
>
> 繁體中文與簡體中文最大的差距不在於字型，而是兩地用詞的差異，例如：
>
> Big Data → 大數據（繁體）→ 大數（簡體）。

範例 04 出考題

▶ 開啟範例檔案：W07- 出考題 .docx

> ▲ **Amazon**
> Amazon 創始人 Jeff Bezos（暱稱：姊夫）從小就是個資優生，請特別注意！歐美人士的「資優」與亞洲人不同，是「博覽群書」而非「考試機器」，在職場上的發展也是一路順遂，26 歲就在華爾街大型金融公司當上副總，但他卻毅然跳出舒適圈，投入未知的創業道路，選擇的產業更是當下所有人都不認識的「網路商店」，這就是成功創業者第一項超能力：遠見。
> 放棄既有基礎，重新建構一個完全未知的產業，除了強大的心理素質外，更必須

💬 提示詞 請根據本文產生 5 個選擇題

▶ 點選：執行鈕，產生內容如下圖：

> 1. Jeff Bezos的第一項超能力是什麼？
>   ○ A) 說服力
>   ○ B) 執行力
>   ○ C) 創新
>   ○ D) 遠見 [1]
> 2. Amazon的創始人是誰？
>   ○ A) Bill Gates
>   ○ B) Steve Jobs
>   ○ C) Jeff Bezos
>   ○ D) Elon Musk [1]
> 3. Amazon的第一張訂單是什麼商品？

📣 說明

Word Copilot 測試：

尚無法根據「節」、「頁」來獨立出題，只能是選取的範圍或是整篇文件，因此無法達到完全的出題自動化，例如：

提示詞：【每一個單元（節或頁）產生 3 個選擇題】。

結果：整份文件共產生 10 個選擇題。

Excel Copilot 測試：

在 Excel 環境下要求以巨集產生選擇題：

提示詞：**【請生成一個巨集程式，由 A 欄儲存格的內容產生一個選擇題，將此選擇題存入 C 欄】**。

結果：程式邏輯沒問題，考題產生了，考題的內容卻是 100% copy A 欄資料。

Microsoft 有一個專門產生考題的系統：Forms（表單），提供如下所示的一條龍服務：

出題 → 版面設計 → 線上發布 → 答題回傳 → 資料統計 → 簡報作業。

我們將在後續單元中進行深入介紹。

Microsoft 365 Copilot
Copilot × Office 完整應用術

範例 05 建立橫幅

一張圖勝過千言萬語，在枯燥的文字中加入圖片，會讓文件的親和度大幅提升，在 Word 環境下一樣可以透過 Designer 產生圖片。

▶ 開啟範例檔案：W08- 建立橫幅 .docx

> 環保愛地球可以簡潔地描述為：保護自然資源，減少污染，推動可持續發展。這包括節約能源、減少廢棄物、保護生物多樣性以及推廣環保生活方式。
>
> 具體的環保愛地球的例子：
>
> 1. 外出搭乘綠色載具：嘗試騎乘單車或搭乘大眾運輸工具，這樣可以降低由交通工具製造的廢氣及碳排放。
> 2. 確實做好垃圾分類：家中的廢棄物可以依照「一般垃圾」、「資源回收物」、「廚餘」等類別進行分類，這樣不僅能減少垃圾處理場的負荷量，

提示詞　請生成一張**插圖**

▶ 點選：執行鈕
　　產生內容如右圖：

62

Copilot 在 Word 的應用 **2**

> 💬 **提示詞** 請生成一張**橫幅**

▶ 點選：執行鈕
　產生內容如右圖：

> 💬 **提示詞** 請生成一張橫幅，圖中標示「環保愛地球」

▶ 點選：執行鈕，產生內容如下圖：

> 📢 **說明**
> 橫幅圖片可以點選下方的「編輯」鈕
> 進入 Designer 軟體中
> 進圖片編輯。

63

範例 06　Word 功能查詢

一篇專題論文完成時，必定要求製作目錄頁，老師告訴我們：
「段落必須先**設定階層**，然後才能產生**目錄頁**…」

> 💬 提示詞　如何設定階層

▶ 點選：執行鈕，產生內容如下圖：

> 設定階層是整理和排版文檔的一個重要步驟，特別是在處理長篇文檔時。以下是一些步驟，幫助您在 Microsoft Word 中設定階層：
>
> 1. **使用樣式**：首先，您需要使用樣式來設定不同層級的標題。轉到"常用"選項卡，選擇"樣式"部分中的標題1、標題2等樣式，這些樣式已經預設了不同的階層。
> 2. **多層次清單**：如果您希望使用多層次清單來設定階層，您可以轉到"常用"選項卡，點擊"多層次清單"，然後選擇一個適合的清單樣式。您可以根據需要自定義清單的格式和樣式。
> 3. **自動生成目錄**：設定好階層後，您可以自動生成目錄。轉到"引用"選項卡，點擊"目錄"，然後選擇一個目錄樣式。這樣，Word 會根據您設定的階層自動生成目錄。

> 💬 提示詞　如何產生目錄

▶ 點選：執行鈕，產生內容如下圖：

> 建立目錄是整理和導航長篇文檔的一個重要步驟。以下是一些基本步驟，幫助你在 Word 中建立目錄：
>
> 1. **標記標題**：首先，你需要標記文檔中的標題。選擇你想要包含在目錄中的文字，然後在 Word 中使用標題樣式（例如"標題1"、"標題2"等）。
> 2. **插入目錄**：完成標記後，將光標放在你想要插入目錄的位置。通常，目錄會放在文檔的開頭。接著，選擇 引用 標籤，然後點擊 目錄。在彈出的對話框中，你可以選擇目錄的格式和樣式。
> 3. **更新目錄**：如果你對文檔進行了修改，目錄可能需要更新。選擇目錄，然後按下 F9 鍵，Word 會自動更新目錄。

3

Copilot 在 Excel 的應用

Section 3.1 Excel Copilot 的功用

1. 提高工作效率：

    對於 Excel 很熟悉的人，利用 Copilot 撰寫 VBA。

2. 無痛使用 Excel：

    對於 Excel 不熟悉的人，使用口語對 Copilot 下命令，便可進行資料處理、資料統計、統計圖繪製，不須學習。

3. 透過 Copilot 提供的解決方案學習 Excel。

Microsoft 365 Copilot
Copilot × Office 完整應用術

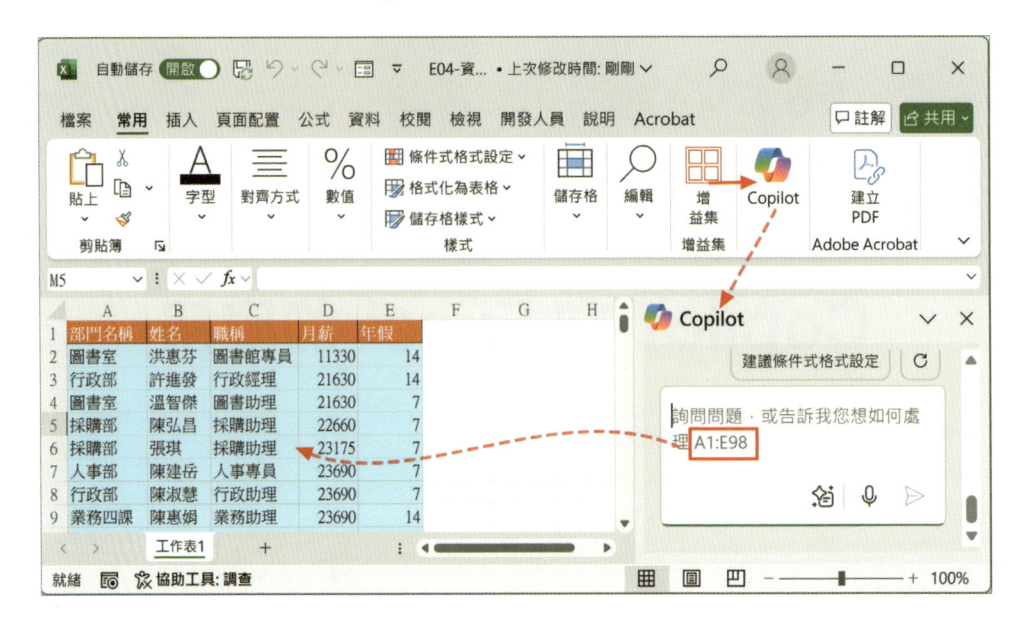

🗂 啟動 Excel Copilot

🗂 操作說明

1. 使用 Copilot 前,請先指定一份有資料的工作表。
2. 開啟 Copilot 對話方塊後,系統會自動偵測此工作表內的資料範圍。
3. 一張工作表內盡可能只存一份資料,否則 Copilot 的回應可能會不如預期。
4. 對話方塊內有許多提示方塊,筆者建議:直接在「詢問問題…」提示方塊中下命令即可(如上圖)。
5. Copilot 會根據「資料」搭配「口語命令」進行解讀,因此命令不需要很精準。
6. Excel Copilot 完成的解讀都會有詳細說明,以下圖為例:

Copilot 在 Excel 的應用 3

資料範圍 → **A1:E98**
提示詞 → 請篩選出姓陳的經理

確定! 看看 **A1:E98**，以下是要檢視及套用的 2 個變更:

- 對「姓名」套用篩選條件，僅顯示值開頭為「陳」的列
- 對「職稱」套用篩選條件，僅顯示值包含「經理」的列

✓ 套用

應對動作

由 AI 所生成的內容可能會不正確

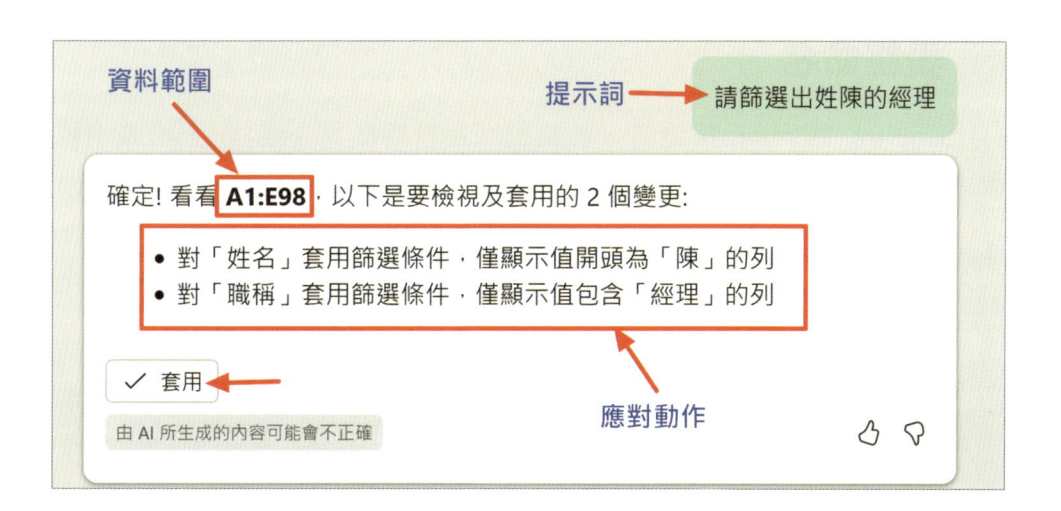

- 提示詞輸入:「請篩選出姓陳的經理」
- Copilot 自動偵測出資料範圍：A1:E98
- 關鍵字「篩選」:
  系統自動開啟篩選功能
- 關鍵字「姓陳的經理」:
  根據資料，將 "陳" 對應到【姓名】欄位
  根據資料，將 "經理" 對應到【職稱】欄位
- 根據上方關鍵字的解析，產生了上圖的對應動作
- 按下「套用」鈕，Excel 便執行對應動作，果如下圖：

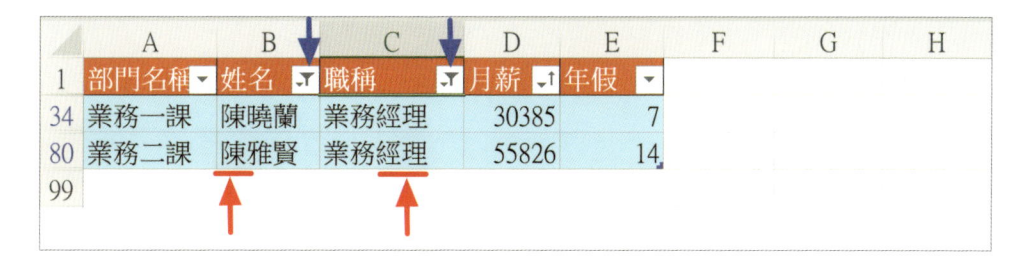

	A	B	C	D	E	F	G	H
1	部門名稱	姓名	職稱	月薪	年假			
34	業務一課	陳曉蘭	業務經理	30385	7			
80	業務二課	陳雅賢	業務經理	55826	14			
99								

📇 表格命名

　　Copilot 進行資料辨識時，若將範圍資料轉換為「表格」，辨識率將會大幅提高，因此建議將每一份資料轉換為「表格」。

1. 將資料轉換為表格：

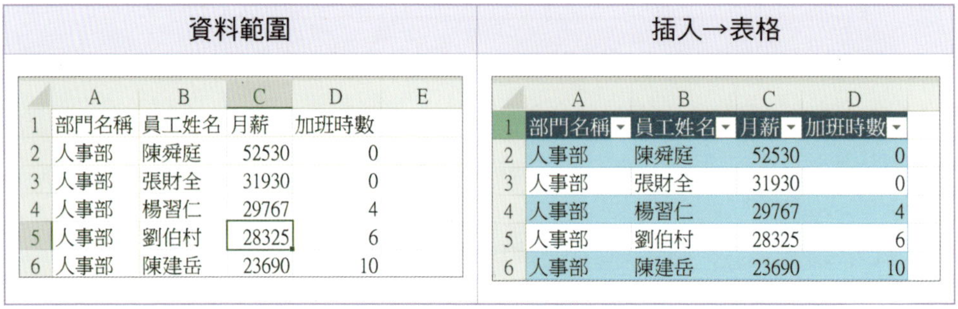

資料範圍	插入→表格

2. 表格命名：

68

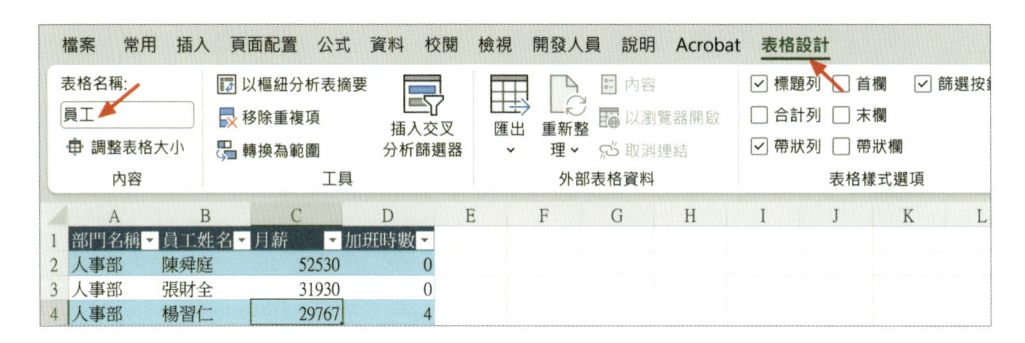

🗂 使用 Excel Copilot 注意事項

Excel Copilot 對於提示詞的要求會有以下 3 種結果：

- 不會幫您執行操作，但告訴您如何執行步驟
  例如：要求以數據直接繪製統計圖時，Copilot 只提供執行步驟。

- 告知你解題邏輯及結果，當您點選「填入」或「套用」鈕時，才幫您執行
  解釋：Copilot 產生的結果可能有誤，因此須經使用者確認再執行。

- Copilot 無法理解或需要處理的資料有問題，會告知無法執行的原因
  解釋：不適當的提示詞與有問題的資料是造成無法執行的 2 大主因。

Section 3.2 基礎操作篇

- 開啟範例檔案：E01- 基本操作 .xlsx

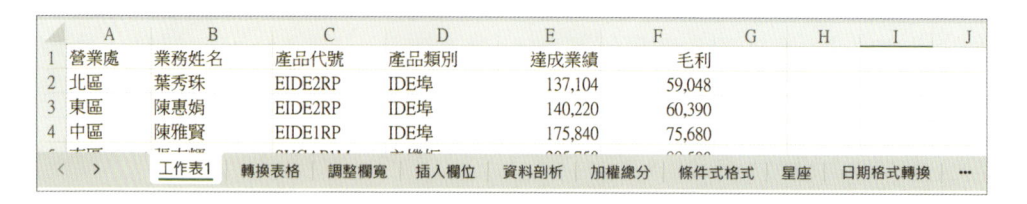

	A	B	C	D	E	F	G	H	I	J
1	營業處	業務姓名	產品代號	產品類別	達成業績	毛利				
2	北區	葉秀珠	EIDE2RP	IDE埠	137,104	59,048				
3	東區	陳惠娟	EIDE2RP	IDE埠	140,220	60,390				
4	中區	陳雅賢	EIDE1RP	IDE埠	175,840	75,680				

工作表1 | 轉換表格 | 調整欄寬 | 插入欄位 | 資料剖析 | 加權總分 | 條件式格式 | 星座 | 日期格式轉換 ...

範例 01 基本操作

▶ 選取工作表：工作表 1

要求：工作表命名

提示詞 請將工作表 1 更名為 AAA

▶ 點選：執行鈕，結果如下：

目前無法將工作表1更名為AAA。

您可以按照以下步驟將 "工作表1" 更名為 "AAA"：

1. 右鍵點擊 "工作表1" 標籤。
2. 選擇「重新命名」。
3. 輸入 "AAA" 並按 Enter 鍵。

這樣就可以將 "工作表1" 更名為 "AAA"。

由 AI 所生成的內容可能會不正確

Copilot 在 Excel 的應用 3

> **說明**
> Copilot 對於你的提示詞完全理解,但只提供解題步驟,建議你手動操作。

範例 02 轉換表格

▶ 選取工作表:轉換表格

	A	B	C	D	E	F	G	H	I
1	營業處	業務姓名	產品代號	產品類別	達成業績	毛利			
2	北區	葉秀珠	EIDE2RP	IDE埠	137,104	59,048			
3	東區	陳惠娟	EIDE2RP	IDE埠	140,220	60,390			
4	中區	陳雅賢	EIDE1RP	IDE埠	175,840	75,680			
5	南區	張志輝	SVGAP1M	主機板	205,750	88,500			
6	東區	陳惠娟	SCSIVB	SCSI顯卡	233,640	100,560			

要求:將資料範圍轉換為「表格」

> **提示詞** 請將資料範圍轉換為表格

▶ 點選:執行鈕,結果如下:

將範圍資料轉換為表格時**發生錯誤**。請檢查資料範圍是否正確。

請選擇您要轉換為表格的範圍,然後按以下步驟操作:

1. 選擇範圍資料。
2. 在功能區中,點擊「插入」選項卡。
3. 點擊「表格」按鈕。
4. 確認範圍正確,並勾選「我的表格有標題」(如果您的範圍有標題)。
5. 點擊「確定」。

> **說明**
> Copilot 對於你的提示詞完全理解,但執行時發生系統錯誤,因此提供解題步驟,建議你手動操作。

71

範例 03 最適欄寬

▶ 選取工作表：最適欄寬

	A	B	C	D	E	F	G	H	I	J	K	L	M	N
1	營業	業務女	產品f	產品類	業績	毛利								
2	北區	葉秀珠	EIDE2	IDE埠	####	####								
3	東區	陳惠娟	EIDE2	IDE埠	####	####								
4	中區	陳雅賢	EIDE1	IDE埠	####	####								
5	南區	張志輝	SVGA	主機板	####	####								
6	東區	陳惠娟	SCSIV	SCSI顯	####	####								

要求：調整欄寬

提示詞　請將所有欄位調整為最適當欄寬

▶ 點選：執行鈕，結果如下：

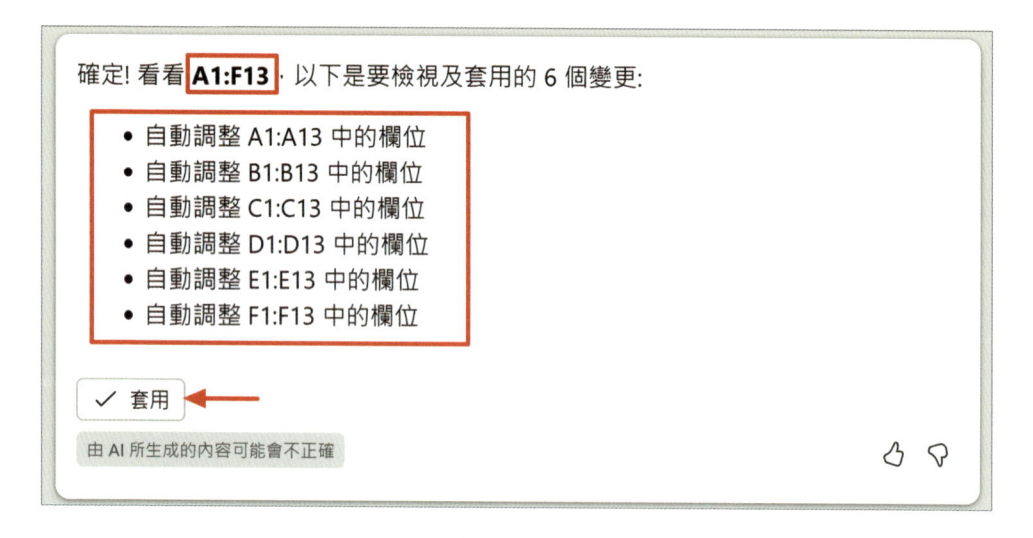

確定! 看看 **A1:F13**，以下是要檢視及套用的 6 個變更：

- 自動調整 A1:A13 中的欄位
- 自動調整 B1:B13 中的欄位
- 自動調整 C1:C13 中的欄位
- 自動調整 D1:D13 中的欄位
- 自動調整 E1:E13 中的欄位
- 自動調整 F1:F13 中的欄位

✓ 套用

由 AI 所生成的內容可能會不正確

▶ 點選：套用鈕，結果如下圖：

	A	B	C	D	E	F
1	營業處	業務姓名	產品代號	產品類別	達成業績	毛利
2	北區	葉秀珠	EIDE2RP	IDE埠	137,104	59,048
3	東區	陳惠娟	EIDE2RP	IDE埠	140,220	60,390
4	中區	陳雅賢	EIDE1RP	IDE埠	175,840	75,680
5	南區	張志輝	SVGAP1M	主機板	205,750	88,500
6	東區	陳惠娟	SCSIVB	SCSI顯卡	233,640	100,560

Copilot 在 Excel 的應用 **3**

> 說明
> Copilot 自動感應資料範圍：A1:F13，提示回應的 6 個動作。

範例 04　插入欄位

▶ 選取工作表：插入欄位

	A	B	C	D	E	F	G	H	I
1	營業處	業務姓名	產品代號	產品類別	達成業績	毛利			
2	南區	張志輝	SVGAP1M	主機板	205,750	88,500			
3	南區	謝穎青	SCSIVB	SCSI顯卡	292,050	125,700			
4	南區	朱金倉	SCSIVB	SCSI顯卡	330,990	142,460			
5	南區	林玉堂	SCSIVB	SCSI顯卡	330,990	142,460			
6	南區	朱金倉	SCSIPB	SCSI顯卡	373,660	160,820			

要求：插入欄位

> 提示詞　請插入 D 欄

▶ 點選：執行鈕，結果如下：

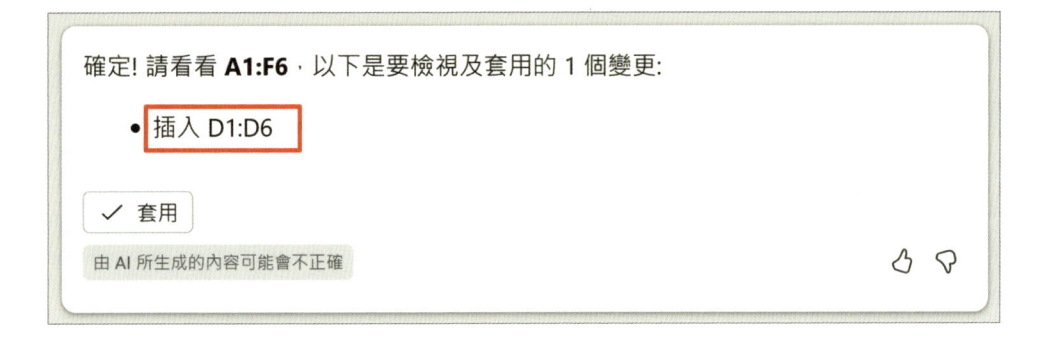

確定! 請看看 **A1:F6**，以下是要檢視及套用的 1 個變更:

- 插入 D1:D6

✓ 套用

由 AI 所生成的內容可能會不正確

▶ 點選：套用鈕，結果如下圖：

	A	B	C	D	E	F	G	H	I
1	營業處	業務姓名	產品代號		產品類別	達成業績	毛利		
2	南區	張志輝	SVGAP1M		主機板	205,750	88,500		
3	南區	謝穎青	SCSIVB		SCSI顯卡	292,050	125,700		
4	南區	朱金倉	SCSIVB		SCSI顯卡	330,990	142,460		
5	南區	林玉堂	SCSIVB		SCSI顯卡	330,990	142,460		
6	南區	朱金倉	SCSIPB		SCSI顯卡	373,660	160,820		

範例 05 資料剖析

▶ 選取工作表：資料剖析

	A	B	C
1	姓名,班級座號,出生年月日,身分證號碼,住址,電話		
2	武嶠嶇,10101,30730,C131410290,台中市龍井區通明街53巷7號,02-26811212		
3	邵欣瑜,10102,30729,C223450309,台中市豐原區國安路30巷6號1F,06-61801681		
4	邱惠朗,10103,30694,C198765316,台中市霧峰區深澳坑路13-1號,03-34224499		
5	金惠粵,10104,30723,C185149325,台中市大甲區中華路69巷52號,03-30917871		
6	侯保貴,10105,31087,F156395337,南投縣水里鄉十三層路45號,02-39940799		

要求：將資料進行欄位分割

💬 提示詞　請以 "," 為分隔符號，對資料進行資料剖析

▶ 點選：執行鈕，結果如下：

目前無法完成此操作。請嘗試手動使用 Excel 的「文字分欄」功能來進行資料剖析。

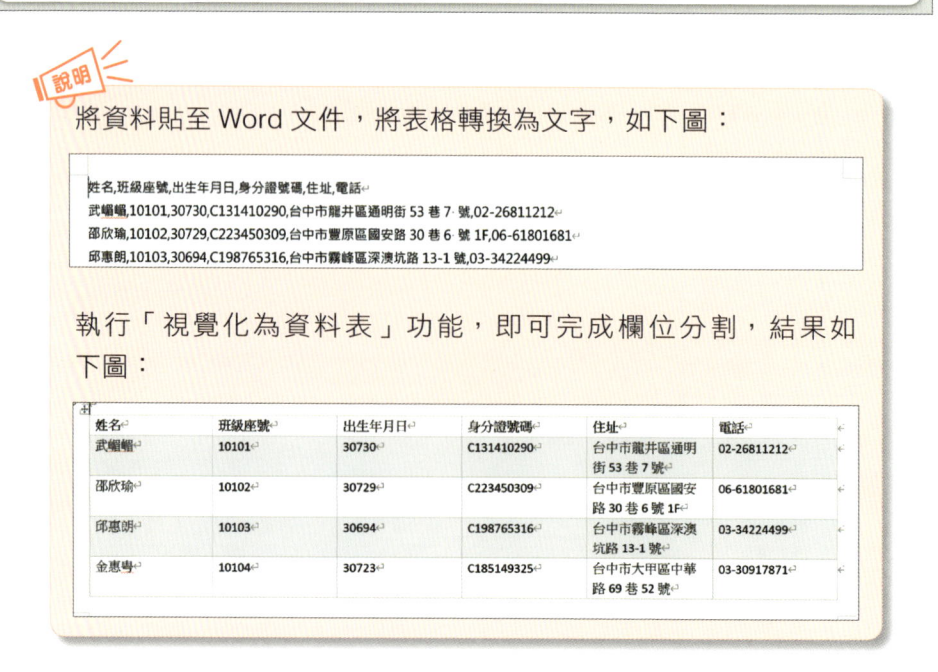

📢 說明

將資料貼至 Word 文件，將表格轉換為文字，如下圖：

> 姓名,班級座號,出生年月日,身分證號碼,住址,電話
> 武嶠嶇,10101,30730,C131410290,台中市龍井區通明街 53 巷 7 號,02-26811212
> 邵欣瑜,10102,30729,C223450309,台中市豐原區國安路 30 巷 6 號 1F,06-61801681
> 邱惠朗,10103,30694,C198765316,台中市霧峰區深澳坑路 13-1 號,03-34224499

執行「視覺化為資料表」功能，即可完成欄位分割，結果如下圖：

姓名	班級座號	出生年月日	身分證號碼	住址	電話
武嶠嶇	10101	30730	C131410290	台中市龍井區通明街 53 巷 7 號	02-26811212
邵欣瑜	10102	30729	C223450309	台中市豐原區國安路 30 巷 6 號 1F	06-61801681
邱惠朗	10103	30694	C198765316	台中市霧峰區深澳坑路 13-1 號	03-34224499
金惠粵	10104	30723	C185149325	台中市大甲區中華路 69 巷 52 號	03-30917871

Copilot 在 Excel 的應用 3

範例 06 加權運算

▶ 選取工作表：加權運算

	A	B	C	D	E
1	座號	中文	英文	數學	生物
2	01	76	65	41	63
3	02	56	94	76	68
4	03	47	89	61	90
5	04	80	88	44	97
6	05	56	45	80	70

要求：各科目給予不同權重進行加權總分計算

> 💬 提示詞　請計算加權總分，計算公式為：中文 *1+ 英文 *1.5+ 數學 *1.5+ 生物 *1

▶ 點選：執行鈕，結果如下：

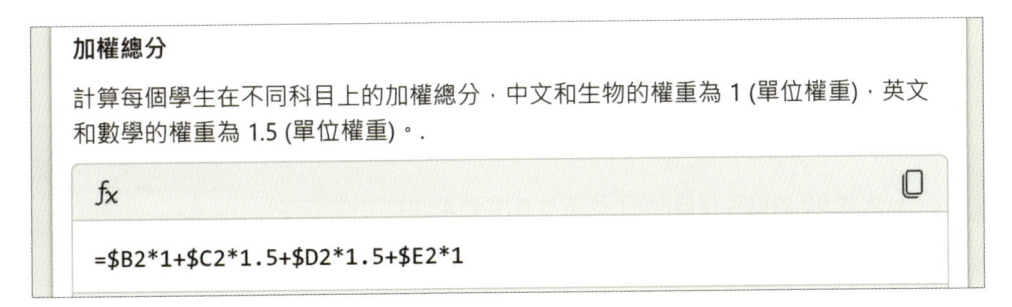

加權總分

計算每個學生在不同科目上的加權總分，中文和生物的權重為 1 (單位權重)，英文和數學的權重為 1.5 (單位權重)。

```
fx
=$B2*1+$C2*1.5+$D2*1.5+$E2*1
```

▶ 點選：套用鈕，結果如下圖：

	A	B	C	D	E	F
1	座號	中文	英文	數學	生物	加權總分
2	01	76	65	41	63	298.00
3	02	56	94	76	68	379.00
4	03	47	89	61	90	362.00
5	04	80	88	44	97	375.00
6	05	56	45	80	70	313.50

範例 07 條件式格式

▶ 選取工作表：條件式格式

	A	B	C	D	E
1	座號	中文	英文	數學	生物
2	01	76	65	41	63
3	02	56	94	76	68
4	03	47	89	61	90
5	04	80	88	44	97
6	05	56	45	80	70

要求：成績低於 60 分的以"紅色"、"粗體"顯示

> **提示詞** 請將小於 60 的資料設定字形顏色為紅色，大於 90 的資料字體設為藍色、粗體

▶ 點選：執行鈕，結果如下圖：

> 確定! 看看 **A1:E11**，以下是要檢視及套用的 2 個條件式格式設定規則：
>
> - **小於 60 的儲存格值：** 將下列項目套用至 A2:E11 中的儲存格
>   - 字型色彩: 紅色   AaBbCc
> - **大於 90 的儲存格值：** 將下列項目套用至 A2:E11 中的儲存格
>   - 粗體
>   - 字型色彩: 藍色   AaBbCc

▶ 點選：套用鈕，結果如下圖：

	A	B	C	D	E
1	座號	中文	英文	數學	生物
2	01	76	65	41	63
3	02	56	94	76	68
4	03	47	89	61	90
5	04	80	88	44	97
6	05	56	45	80	70

> **說明** 實際執行時，"粗體"格式並未成功套入！

Copilot 在 Excel 的應用　3

範例 08　拆解資料 - 特定字元

▶ 選取工作表：星座

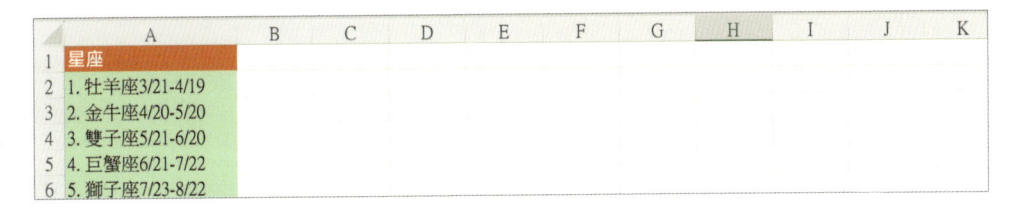

	A
1	星座
2	1. 牡羊座3/21-4/19
3	2. 金牛座4/20-5/20
4	3. 雙子座5/21-6/20
5	4. 巨蟹座6/21-7/22
6	5. 獅子座7/23-8/22

要求：取出 A 欄中的星座名稱

提示詞　請取出 "." 右側 3 個字元，填入 B 欄

▶ 點選：套用鈕，結果如下圖：

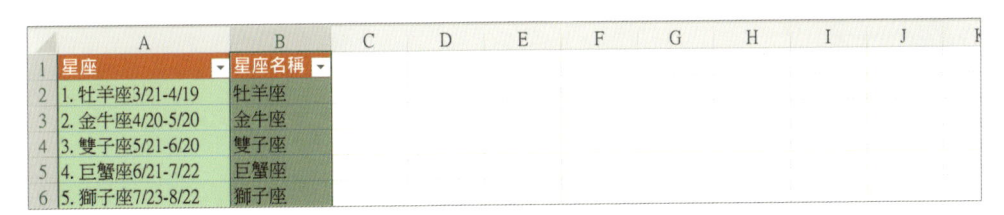

	A	B
1	星座	星座名稱
2	1. 牡羊座3/21-4/19	牡羊座
3	2. 金牛座4/20-5/20	金牛座
4	3. 雙子座5/21-6/20	雙子座
5	4. 巨蟹座6/21-7/22	巨蟹座
6	5. 獅子座7/23-8/22	獅子座

要求：取出 A 欄中的星座日期

提示詞　請取出星座欄位 " 座 " 字後面所有字元，填入 C 欄

▶ 點選：套用鈕，結果如下圖：

	A	B	C
1	星座	星座名稱	星座日期
2	1. 牡羊座3/21-4/19	牡羊座	3/21-4/19
3	2. 金牛座4/20-5/20	金牛座	4/20-5/20
4	3. 雙子座5/21-6/20	雙子座	5/21-6/20
5	4. 巨蟹座6/21-7/22	巨蟹座	6/21-7/22
6	5. 獅子座7/23-8/22	獅子座	7/23-8/22

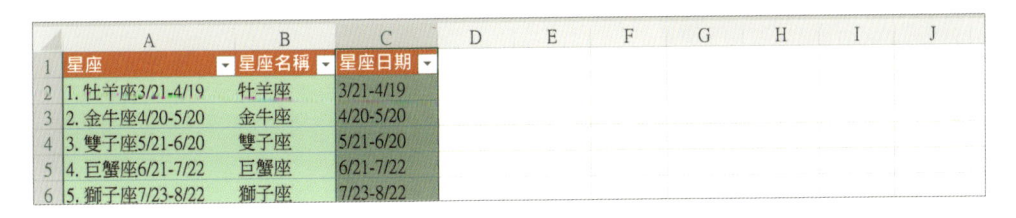

> **說明**
>
> 資料特性 1：星座名稱前方關鍵字 " . "（小數點 + 一空白字元），右側 3 個字便是星座名稱。
>
> 資料特性 2：日期前方有一個 "座" 字，"座" 後方所有字元便是日期。

範例 09 日期格式轉換

▶ 選取工作表：日期格式轉換

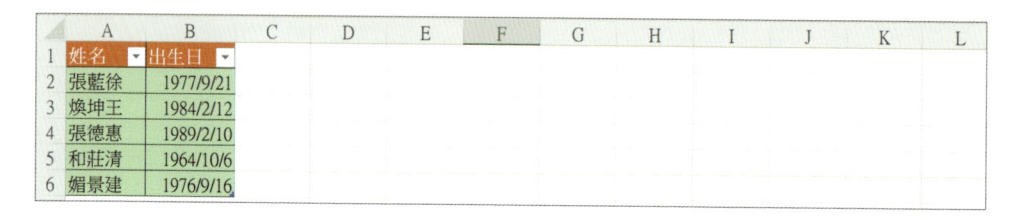

	A	B
1	姓名	出生日
2	張藍徐	1977/9/21
3	煥坤王	1984/2/12
4	張德惠	1989/2/10
5	和莊清	1964/10/6
6	媚景建	1976/9/16

要求：將 B 欄日期以各種形式呈現

> **提示詞** 請將出生日欄位轉換為中文，填入 C 欄

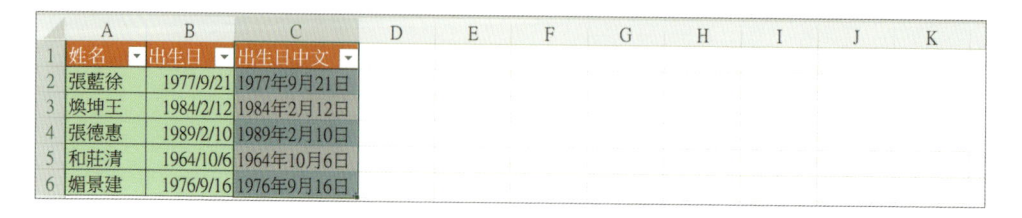

▶ 點選：插入鈕，結果如下圖：

	A	B	C
1	姓名	出生日	出生日中文
2	張藍徐	1977/9/21	1977年9月21日
3	煥坤王	1984/2/12	1984年2月12日
4	張德惠	1989/2/10	1989年2月10日
5	和莊清	1964/10/6	1964年10月6日
6	媚景建	1976/9/16	1976年9月16日

Copilot 在 Excel 的應用 **3**

💬 提示詞 請將出生日欄位轉換為民國年格式，填入 D 欄

▶ 點選：插入鈕，結果如下圖：

	A	B	C	D	E	F	G	H	I	J
1	姓名	出生日	出生日中文	出生日民國年						
2	張藍徐	1977/9/21	1977年9月21日	66年9月21日						
3	煥坤王	1984/2/12	1984年2月12日	73年2月12日						
4	張德惠	1989/2/10	1989年2月10日	78年2月10日						
5	和莊清	1964/10/6	1964年10月6日	53年10月6日						
6	媚景建	1976/9/16	1976年9月16日	65年9月16日						

💬 提示詞 請設定出生日欄位格式轉換為 yyyymmdd，填入 E 欄

▶ 點選：插入鈕，結果如下圖：

	A	B	C	D	E	F	G	H	I
1	姓名	出生日	出生日中文	出生日民國年	出生日格式轉換				
2	張藍徐	1977/9/21	1977年9月21日	66年9月21日	19770921				
3	煥坤王	1984/2/12	1984年2月12日	73年2月12日	19840212				
4	張德惠	1989/2/10	1989年2月10日	78年2月10日	19890210				
5	和莊清	1964/10/6	1964年10月6日	53年10月6日	19641006				
6	媚景建	1976/9/16	1976年9月16日	65年9月16日	19760916				

📣 **說明** yyyy：西元年度 4 碼、mm：月份 2 碼、dd：日 2 碼。

💬 提示詞 請根據 B 欄日期，查出星座名稱，填入 F 欄

▶ 點選：執行鈕，結果如下圖：

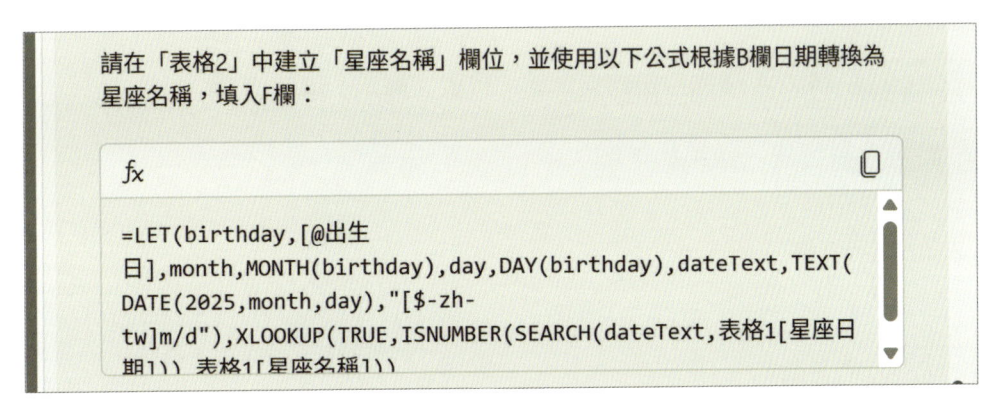

請在「表格2」中建立「星座名稱」欄位，並使用以下公式根據B欄日期轉換為星座名稱，填入F欄：

fx

```
=LET(birthday,[@出生
日],month,MONTH(birthday),day,DAY(birthday),dateText,TEXT(
DATE(2025,month,day),"[$-zh-
tw]m/d"),XLOOKUP(TRUE,ISNUMBER(SEARCH(dateText,表格1[星座日
期])),表格1[星座名稱]))
```

79

> **說明**
>
> 上圖顯示：必須先建立星座查詢表，才能以查詢函數進行星座轉換。
>
> 以 Edge 的 Copilot 測試結果如下圖：
>
> Today
>
> 02/07是哪一個星座?
>
> 2月7日出生的人屬於水瓶座（Aquarius），其日期範圍是1月20日到2月18日。水瓶座的人通常富有創意、獨立，並且擁有獨特的思維方式。他們喜歡探索新事物，重視自由，並且常常對世界充滿好奇心。
>
> 筆者結論：
> Copilot 的 AI 程度沒問題，只是在軟體之間得整合還未臻完善！

範例 10　單位轉換

▶ 選取工作表：單位轉換

	A	B	C
1	交易月	攝氏	公斤
2	10	38	59
3	12	39	93
4	6	10	50
5	7	31	74

要求：將月份轉換為季

> **提示詞**　請將 A 欄的月份轉換為季，以數字顯示，填入 D 欄

▶ 點選：執行鈕，結果如下圖：

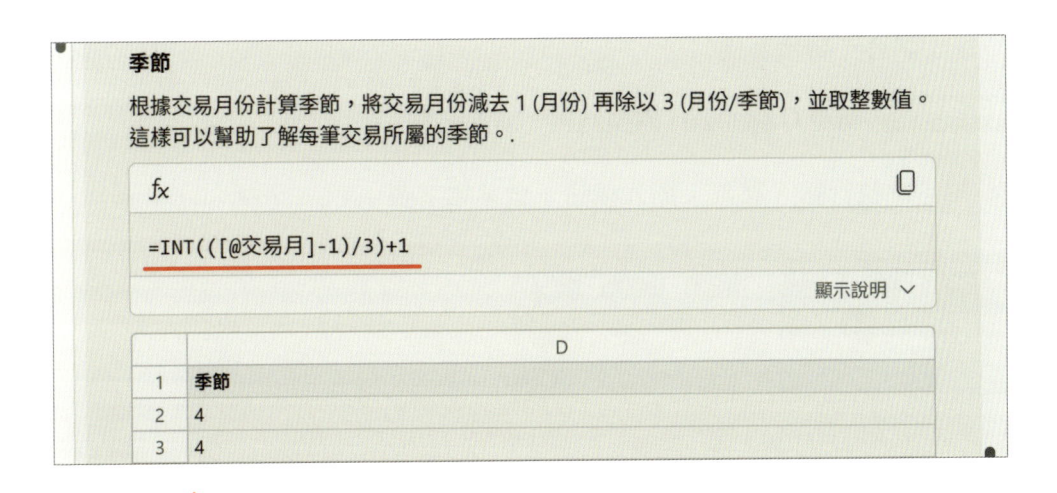

Copilot 在 Excel 的應用　**3**

```
季節
根據交易月份計算季節，將交易月份減去 1 (月份) 再除以 3 (月份/季節)，並取整數值。
這樣可以幫助了解每筆交易所屬的季節。

fx   =INT((([@交易月]-1)/3)+1

                                            顯示說明 ∨

|   | D    |
|---|------|
| 1 | 季節 |
| 2 | 4    |
| 3 | 4    |
```

說明　對於數學程度不佳的人而言，要推演出上面的「月轉季」公式是有相當難度的，因此利用 AI 是最佳選擇。

▶ 點選：插入鈕，結果如下圖：

	A 交易月	B 攝氏	C 公斤	D 季節	E	F	G	H	I	J	K	L
2	10	38	59	4								
3	12	39	93	4								
4	6	10	50	2								
5	7	31	74	3								

要求：將攝氏溫度轉換為華氏溫度

提示詞　請將 B 欄的攝氏溫度轉換為華氏溫度，填入 E 欄

▶ 點選：執行鈕，插入鈕欄，結果如下圖：

	A 交易月	B 攝氏	C 公斤	D 季節	E 華氏	F	G	H	I	J	K	L
2	10	38	59	4	100.4							
3	12	39	93	4	102.2							
4	6	10	50	2	50							
5	7	31	74	3	87.8							

Microsoft 365 Copilot
Copilot × Office 完整應用術

要求：將公斤轉換為磅

💬提示詞　請將 C 欄的公斤轉換為磅，填入 F 欄

▶ 點選：執行鈕，點選：插入欄鈕，結果如下圖：

	A	B	C	D	E	F
1	交易月	攝氏	公斤	季節	華氏	磅
2	10	38	59	4	100.4	130.1
3	12	39	93	4	102.2	205
4	6	10	50	2	50	110.2
5	7	31	74	3	87.8	163.1

說明

對於記憶力不佳的人而言，要記得上面的「溫度換算」、「重量換算」公式是有相當難度的，因此利用 AI 是最佳選擇。

Copilot 在 Excel 的應用 **3**

範例 11 資料篩選

▶ 選取工作表：資料篩選

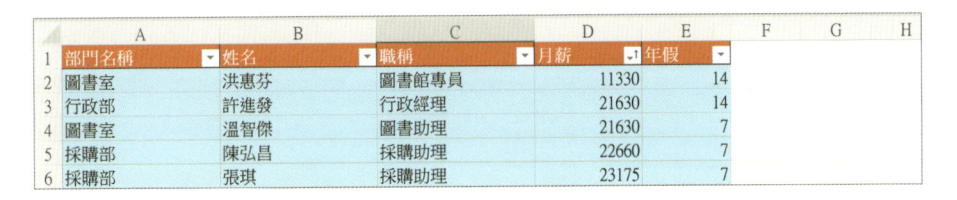

	A	B	C	D	E
1	部門名稱	姓名	職稱	月薪	年假
2	圖書室	洪惠芬	圖書館專員	11330	14
3	行政部	許進發	行政經理	21630	14
4	圖書室	溫智傑	圖書助理	21630	7
5	採購部	陳弘昌	採購助理	22660	7
6	採購部	張琪	採購助理	23175	7

要求：以口語進行多條件資料篩選

> **提示詞** 請篩選維修部薪資高於 40000 的資料

▶ 點選：套用鈕，結果如下圖：

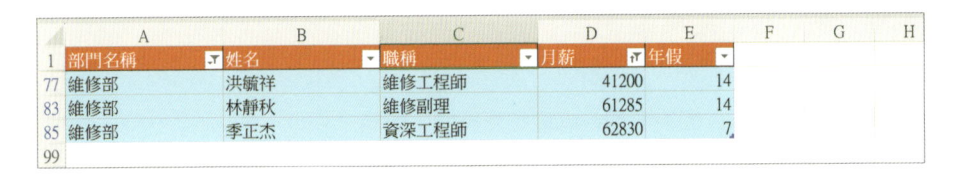

	A	B	C	D	E
1	部門名稱	姓名	職稱	月薪	年假
77	維修部	洪毓祥	維修工程師	41200	14
83	維修部	林靜秋	維修副理	61285	14
85	維修部	李正杰	資深工程師	62830	7
99					

> **提示詞** 請篩選出陳姓經理

▶ 點選：執行鈕，結果如下圖：

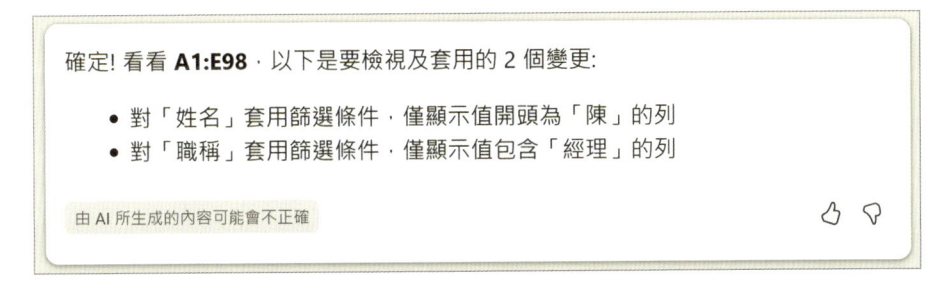

確定! 看看 **A1:E98**，以下是要檢視及套用的 2 個變更：

- 對「姓名」套用篩選條件，僅顯示值開頭為「陳」的列
- 對「職稱」套用篩選條件，僅顯示值包含「經理」的列

由 AI 所生成的內容可能會不正確

▶ 點選：套用鈕，結果如下圖：

	A	B	C	D	E
1	部門名稱	姓名	職稱	月薪	年假
34	業務一課	陳曉蘭	業務經理	30385	7
80	業務二課	陳雅賢	業務經理	55826	14
99					

Microsoft 365 Copilot
Copilot × Office 完整應用術

範例 12 資料排序

▶ 選取工作表：資料排序

	A	B	C	D	E
1	編號	部門名稱	姓名	職稱	月薪
2	001	圖書室	洪惠芬	圖書館專員	11330
3	002	行政部	許進發	行政經理	21630
4	003	圖書室	溫智傑	圖書助理	21630
5	004	採購部	陳弘昌	採購助理	22660
6	005	採購部	張琪	採購助理	23175

要求：多階層資料排序

> 💬 **提示詞**　請對資料進行排序，排序規則如下，第一階：部門名稱遞增，第二階月薪遞減

▶ 點選：執行鈕，結果如下圖：

> 我無法完成此要求，因為套用敏感度標籤時發生問題。

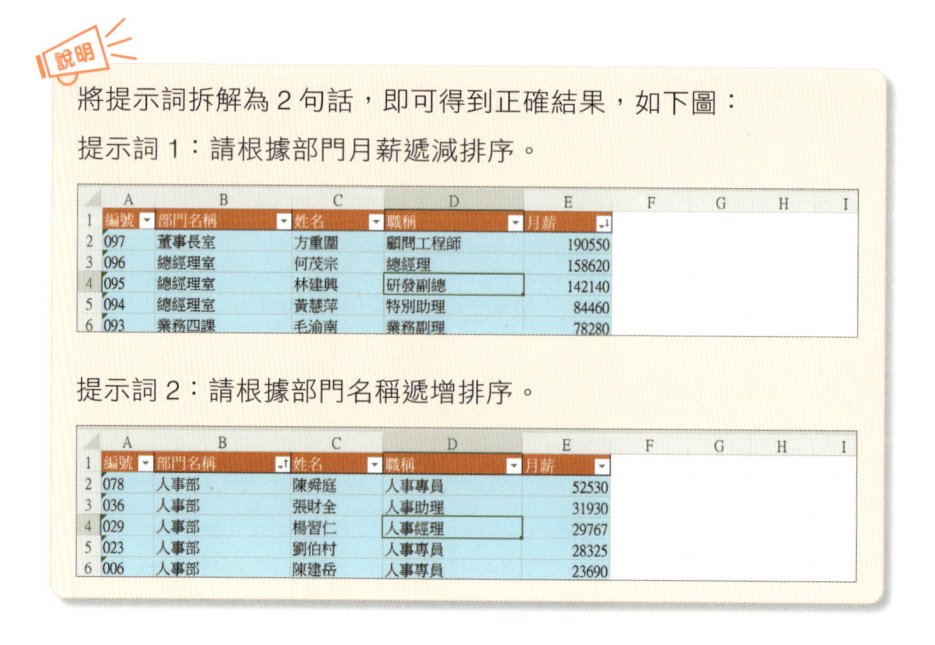

📢 **說明**

將提示詞拆解為 2 句話，即可得到正確結果，如下圖：

提示詞 1：請根據部門月薪遞減排序。

	A	B	C	D	E
1	編號	部門名稱	姓名	職稱	月薪
2	097	董事長室	方重圍	顧問工程師	190550
3	096	總經理室	何茂宗	總經理	158620
4	095	總經理室	林建興	研發副總	142140
5	094	總經理室	黃慧萍	特別助理	84460
6	093	業務四課	毛渝南	業務副理	78280

提示詞 2：請根據部門名稱遞增排序。

	A	B	C	D	E
1	編號	部門名稱	姓名	職稱	月薪
2	078	人事部	陳舜庭	人事專員	52530
3	036	人事部	張財全	人事助理	31930
4	029	人事部	楊習仁	人事經理	29767
5	023	人事部	劉伯村	人事專員	28325
6	006	人事部	陳建岳	人事專員	23690

Copilot 在 Excel 的應用 **3**

範例 13　欄位合併

▶ 選取工作表：欄位合併

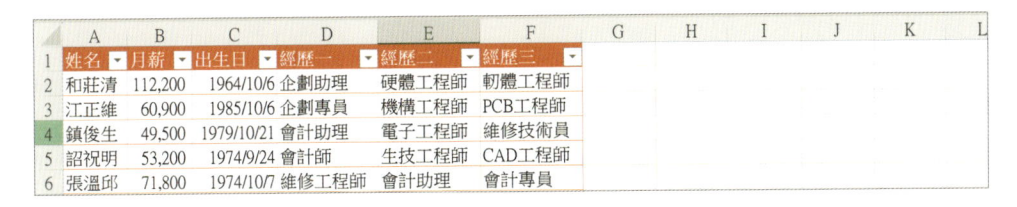

	A	B	C	D	E	F
1	姓名	月薪	出生日	經歷一	經歷二	經歷三
2	和莊清	112,200	1964/10/6	企劃助理	硬體工程師	軔體工程師
3	江正維	60,900	1985/10/6	企劃專員	機構工程師	PCB工程師
4	鎮俊生	49,500	1979/10/21	會計助理	電子工程師	維修技術員
5	韶祝明	53,200	1974/9/24	會計師	生技工程師	CAD工程師
6	張溫邱	71,800	1974/10/7	維修工程師	會計助理	會計專員

要求：將多個欄位結合為一個欄位

> 💬 **提示詞**　請結合 D、E、F 欄產生新欄位 " 完整經歷 "

▶ 點選：套用鈕，結果如下圖：

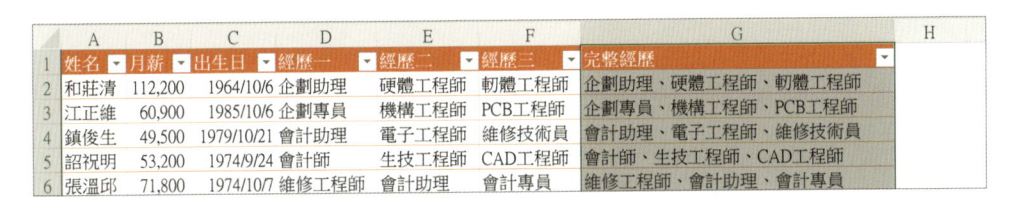

	A	B	C	D	E	F	G
1	姓名	月薪	出生日	經歷一	經歷二	經歷三	完整經歷
2	和莊清	112,200	1964/10/6	企劃助理	硬體工程師	軔體工程師	企劃助理、硬體工程師、軔體工程師
3	江正維	60,900	1985/10/6	企劃專員	機構工程師	PCB工程師	企劃專員、機構工程師、PCB工程師
4	鎮俊生	49,500	1979/10/21	會計助理	電子工程師	維修技術員	會計助理、電子工程師、維修技術員
5	韶祝明	53,200	1974/9/24	會計師	生技工程師	CAD工程師	會計師、生技工程師、CAD工程師
6	張溫邱	71,800	1974/10/7	維修工程師	會計助理	會計專員	維修工程師、會計助理、會計專員

> 📢 **說明**
> 系統採用 TEXTJOIN( ) 函數將 3 個欄位串接起來，欄位間以 " 、"
> 分隔。

範例 14 進階篩選

▶ 選取工作表：進階篩選

	A	B	C	D	E	F	G
1	編號	姓名	現職部門	月薪	年齡	星座	完整經歷
2	A001	建興蔡	研發處	295800	53	牡羊座	人事助理研發工程師研發經理
3	B001	豪鈞森	研發處	247900	56	魔羯座	人事專員研發工程師業務專員
4	B002	和志文	業務處	136600	42	魔羯座	人事專員業務助理業務祕書
5	B003	張藍徐	工程部	223200	46	處女座	人事專員軔體工程師研發工程師
6	B004	煥坤王	工程部	65600	39	水瓶座	人事經理硬體工程師工程副理

要求：複合式條件篩選

> 💬 **提示詞**　請根據以下條件篩選資料，姓張，年齡介於 40 到 50，有業務經驗，薪資超過 40000

▶ 點選：執行鈕，結果如下圖：

> 確定! 看看 **A1:G98**，以下是要檢視及套用的 4 個變更：
> - 對「姓名」套用篩選條件，僅顯示值開頭為「張」的列
> - 對「年齡」套用篩選條件，僅顯示值介於 40 和 50 之間的列
> - 對「完整經歷」套用篩選條件，僅顯示值包含「業務」的列
> - 對「月薪」套用篩選條件，僅顯示值大於 40000 的列

▶ 點選：套用鈕，結果如下圖：

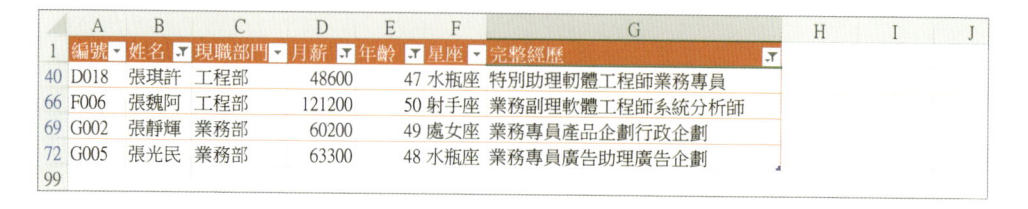

	A	B	C	D	E	F	G
1	編號	姓名	現職部門	月薪	年齡	星座	完整經歷
40	D018	張琪許	工程部	48600	47	水瓶座	特別助理軔體工程師業務專員
66	F006	張魏阿	工程部	121200	50	射手座	業務副理軟體工程師系統分析師
69	G002	張靜輝	業務部	60200	49	處女座	業務專員產品企劃行政企劃
72	G005	張光民	業務部	63300	48	水瓶座	業務專員廣告助理廣告企劃
99							

Section
3.3 函數篇

- 開啟範例檔案：E02- 函數 .xlsx

	A	B	C	D	E
1	座號	中文	英文	數學	生物
2	01	76	65	41	63
3	02	56	94	76	68
4	03	47	89	61	90
5	04	80	88	44	97

成績單　錯誤名次　銷貨單　客戶　員工　加班表　年資　四捨五入

Excel 函數對於多數的初學者來說就是夢魘，第一是函數名稱，第二是函數內的參數，就如同學習英文一樣（單字與文法），Copilot 就如同語言翻譯機，你講「中文」，Copilot 幫你翻譯為「函數」，同樣的，遇到無法直接執行的，Copilot 會提供你執行步驟。

範例 01　查詢函數語法

▶ 選取工作表：成績單

	A	B	C	D	E
1	座號	中文	英文	數學	生物
2	01	76	65	41	63
3	02	56	94	76	68
4	03	47	89	61	90
5	04	80	88	44	97
6	05	56	45	80	70

要求：詢問函數語法

提示詞　請提供加總函數的語法與範例

▶ 點選：執行鈕，結果如下圖：

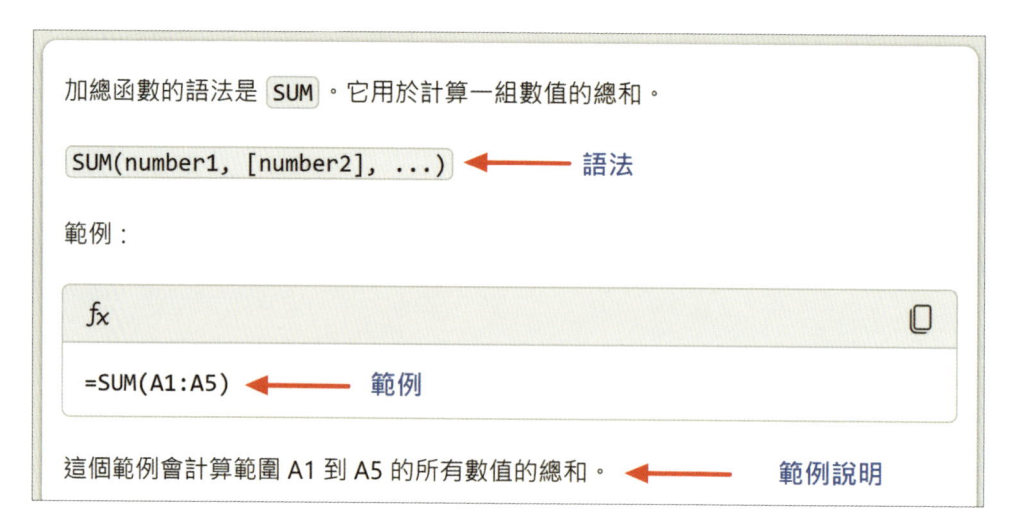

加總函數的語法是 SUM 。它用於計算一組數值的總和。

SUM(number1, [number2], ...)　◀── 語法

範例：

=SUM(A1:A5)　◀── 範例

這個範例會計算範圍 A1 到 A5 的所有數值的總和。　◀── 範例說明

Copilot 在 Excel 的應用 **3**

範例 02　加總函數

▶ 延續上一個範例

要求：4 科成績加總

> 💬 **提示詞**　請將每一列資料的 B:E 欄加總，並將結果填入 F 欄

▶ 點選：執行鈕，結果如下圖：

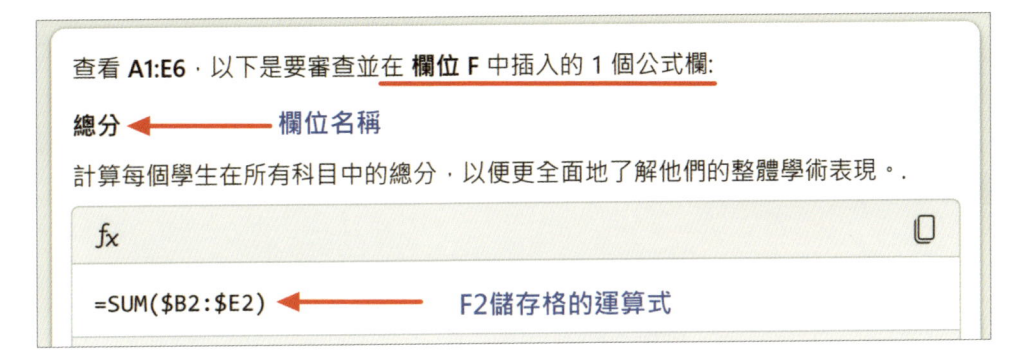

查看 **A1:E6**，以下是要審查並在**欄位 F** 中插入的 **1** 個公式欄:

總分　◀── 欄位名稱

計算每個學生在所有科目中的總分，以便更全面地了解他們的整體學術表現。.

fx

=SUM($B2:$E2)　◀── F2儲存格的運算式

▶ 點選：插入鈕，結果如下：

	A	B	C	D	E	F
1	座號	中文	英文	數學	生物	總分
2	01	76	65	41	63	245
3	02	56	94	76	68	294
4	03	47	89	61	90	287
5	04	80	88	44	97	309
6	05	56	45	80	70	251

89

範例 03　排名函數

▶ 延續上一個範例

要求：總成績排名

提示詞　請根據總分進行排名，結果填入 G 欄

▶ 點選：執行鈕，結果如下圖：

> 我無法識別從 **A1:F6** 開始的數據範圍結構。再次檢查以確定範圍的頂端有一列標頭。如果範圍符合準則，請選取整個範圍。然後，移至功能區中的 [插入]，然後選取 [表格]。
>
> 由 AI 所生成的內容可能會不正確

▶ 將資料範圍轉換為「表格」後，重新執行提示詞，結果正確如下：

	A	B	C	D	E	F	G
1	座號	中文	英文	數學	生物	總分	排名
2	01	76	65	41	63	245	5
3	02	56	94	76	68	294	2
4	03	47	89	61	90	287	3
5	04	80	88	44	97	309	1
6	05	56	45	80	70	251	4

說明

Copilot 不但幫你完成 Rank( ) 函數，還在處理資料範圍時，自動幫你加入 $（絕對位置）。

Copilot 在 Excel 的應用

範例 04 平均函數

▶ 延續上一個範例

要求：各科目平均成績

提示詞 請計算各科目的平均成績

▶ 點選：執行鈕，結果如下圖：

	A	B	C	D	E	F	G
1	座號	中文	英文	數學	生物	總分	排名
2	01	76	65	41	63	245	5
3	02	56	94	76	68	294	2
4	03	47	89	61	90	287	3
5	04	80	88	44	97	309	1
6	05	56	45	80	70	251	4
7	總計	63	76.2	60.4	77.6		

說明

B7:E7 計算正確，但 A7 文字錯誤，建議手動更該為「平均」。

「總計列」不應該被插入「表格內」。

建議將第 7 列手動拖曳至地 8 列（表格外），如下圖：

	A	B	C	D	E	F	G
1	座號	中文	英文	數學	生物	總分	排名
2	01	76	65	41	63	245	5
3	02	56	94	76	68	294	2
4	03	47	89	61	90	287	3
5	04	80	88	44	97	309	1
6	05	56	45	80	70	251	4
7							
8	平均	63	76.2	60.4	77.6		

相對應的函數還有：最大值→ MAX( )、最小值→ MIN( )。

範例 05 錯誤更正

▶ 選取工作表：錯誤名次

我們在 G 欄自行建立名次欄位，輸入運算式，產生錯誤如下圖：

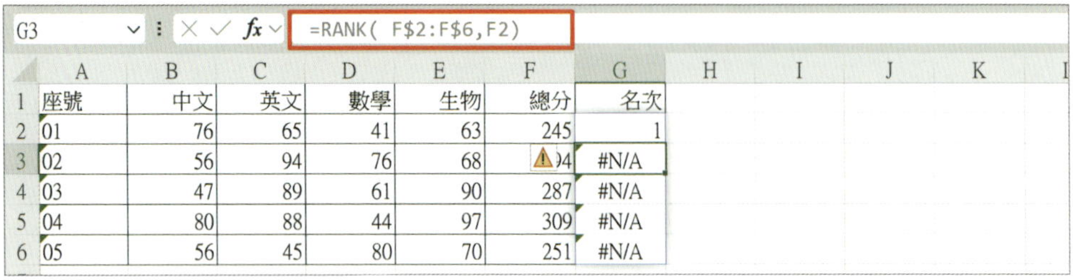

	A	B	C	D	E	F	G
1	座號	中文	英文	數學	生物	總分	名次
2	01	76	65	41	63	245	1
3	02	56	94	76	68	⚠94	#N/A
4	03	47	89	61	90	287	#N/A
5	04	80	88	44	97	309	#N/A
6	05	56	45	80	70	251	#N/A

G3 儲存格公式：`=RANK( F$2:F$6,F2)`

▶ 點選：錯誤儲存格右上方 Copilot 快捷鈕→解釋此錯誤並建議修正程式

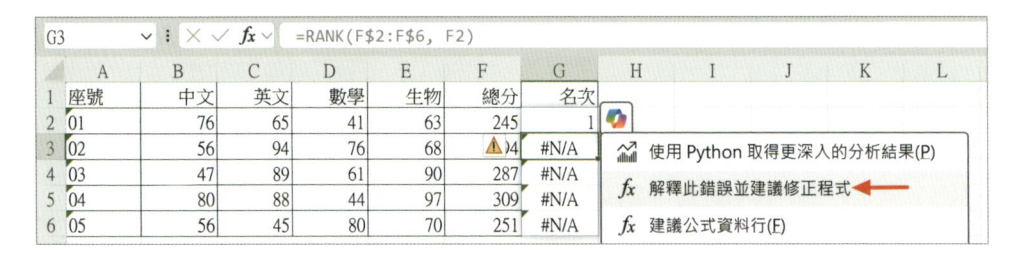

Copilot 選單：
- 使用 Python 取得更深入的分析結果(P)
- 解釋此錯誤並建議修正程式 ←
- 建議公式資料行(F)

▶ 結果如下圖：

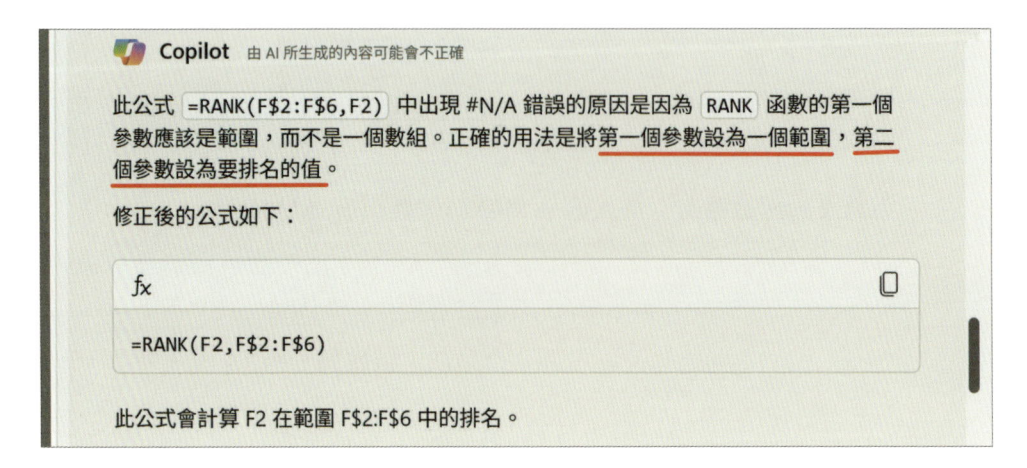

Copilot 由 AI 所成成的內容可能會不正確

此公式 `=RANK(F$2:F$6,F2)` 中出現 #N/A 錯誤的原因是因為 RANK 函數的第一個參數應該是範圍，而不是一個數組。正確的用法是將第一個參數設為一個範圍，第二個參數設為要排名的值。

修正後的公式如下：

`=RANK(F2,F$2:F$6)`

此公式會計算 F2 在範圍 F$2:F$6 中的排名。

Copilot 在 Excel 的應用 **3**

▶ 根據 Copilot 建議修正 G1 儲存格公式,向下複製,正確結果如下圖:

	A	B	C	D	E	F	G
1	座號	中文	英文	數學	生物	總分	名次
2	01	76	65	41	63	245	5
3	02	56	94	76	68	294	2
4	03	47	89	61	90	287	3
5	04	80	88	44	97	309	1
6	05	56	45	80	70	251	4

G2 儲存格公式:`=RANK(F2,F$2:F$6)`

範例 06　資料查詢

▶ 選取工作表:銷貨單

	A	B	C	D
1	客戶編號	銷售日	產品類別	銷售金
2	A001	2020/2/26	家庭用品	32,696
3	B002	2021/12/16	電子產品	81,400
4	C003	2020/2/6	消耗品	42,673
5	B002	2021/8/15	家具	56,348

工作表:成績單　銷貨單　客戶　員工　加班表　年資　四捨五入　二選一

要求:在銷貨單的 E 欄填入客戶名稱

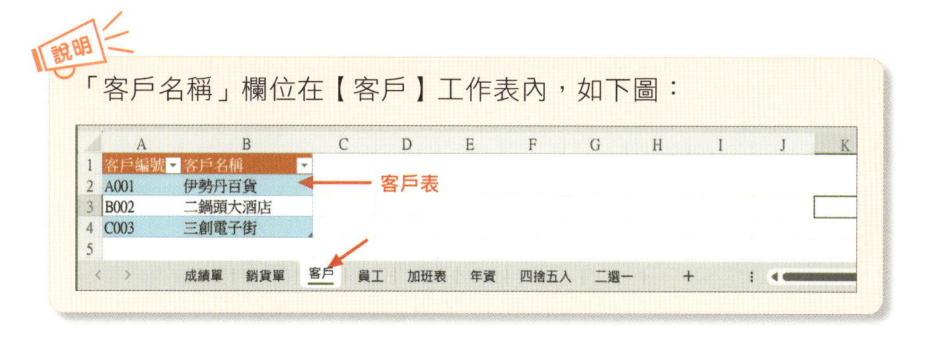

說明

「客戶名稱」欄位在【客戶】工作表內,如下圖:

	A	B
1	客戶編號	客戶名稱
2	A001	伊勢丹百貨
3	B002	二鍋頭大酒店
4	C003	三創電子街

← 客戶表

工作表:成績單　銷貨單　客戶　員工　加班表　年資　四捨五入　二選一

93

> 💬 **提示詞**　請根據客戶編號查詢客戶表，取出客戶名稱，填入 E 欄中

▶ 點選：執行鈕，結果如下：

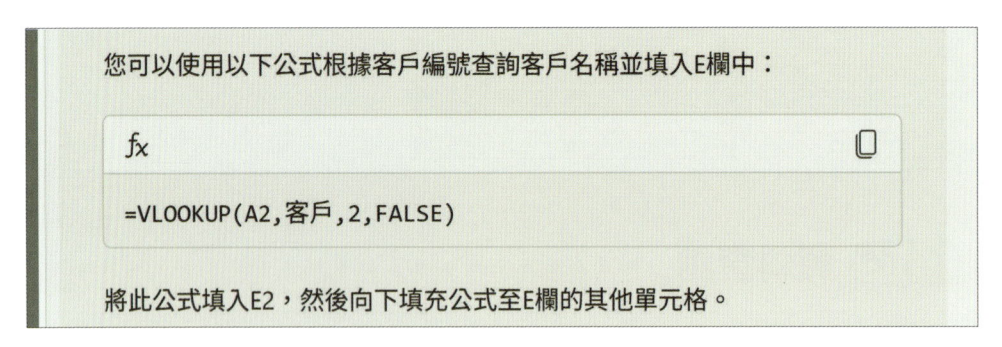

您可以使用以下公式根據客戶編號查詢客戶名稱並填入E欄中：

fx

=VLOOKUP(A2,客戶,2,FALSE)

將此公式填入E2，然後向下填充公式至E欄的其他單元格。

▶ 在 E1 儲存格輸入「客戶名稱」

根據 Copilot 指示，複製公式「=VLOOKUP(A2，客戶，2，FALSE)」將公式填入 E2 儲存格，E 欄儲存格自動填滿，如下圖：

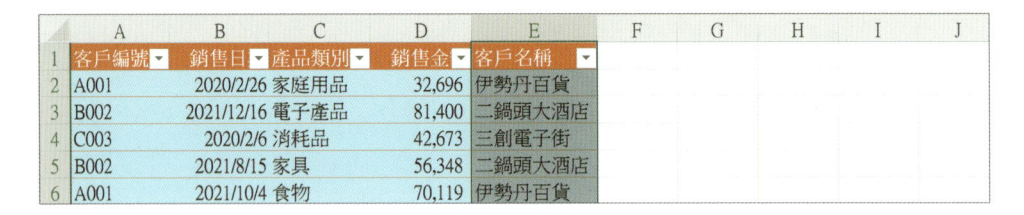

	A	B	C	D	E
1	客戶編號	銷售日	產品類別	銷售金	客戶名稱
2	A001	2020/2/26	家庭用品	32,696	伊勢丹百貨
3	B002	2021/12/16	電子產品	81,400	二鍋頭大酒店
4	C003	2020/2/6	消耗品	42,673	三創電子街
5	B002	2021/8/15	家具	56,348	二鍋頭大酒店
6	A001	2021/10/4	食物	70,119	伊勢丹百貨

Copilot 在 Excel 的應用 3

範例 07 條件加總

▶ 選取工作表：員工

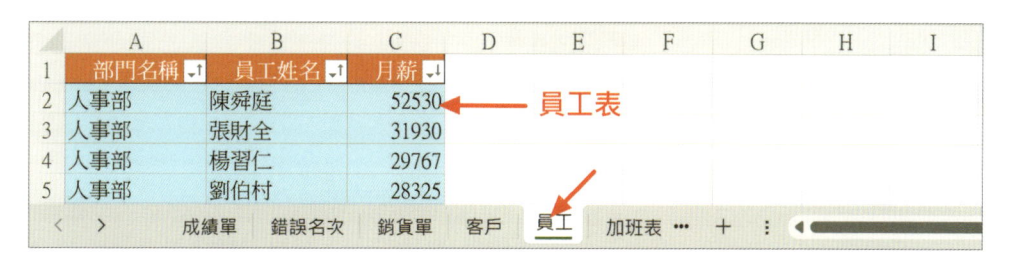

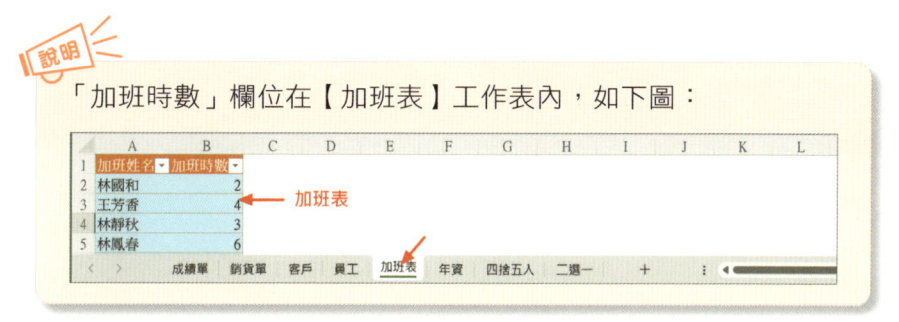

	A	B	C
1	部門名稱	員工姓名	月薪
2	人事部	陳舜庭	52530
3	人事部	張財全	31930
4	人事部	楊習仁	29767
5	人事部	劉伯村	28325

← 員工表

工作表標籤：成績單　錯誤名次　銷貨單　客戶　**員工**　加班表 ⋯

說明「加班時數」欄位在【加班表】工作表內，如下圖：

	A	B
1	加班姓名	加班時數
2	林國和	2
3	王芳香	4
4	林靜秋	3
5	林鳳春	6

← 加班表

工作表標籤：成績單　銷貨單　客戶　員工　**加班表**　年資　四捨五入　二選一

提示詞：將員工姓名與加班姓名相同的紀錄進行加班時數加總，並填入 D 欄中

▶ 點選：執行鈕，結果如下：

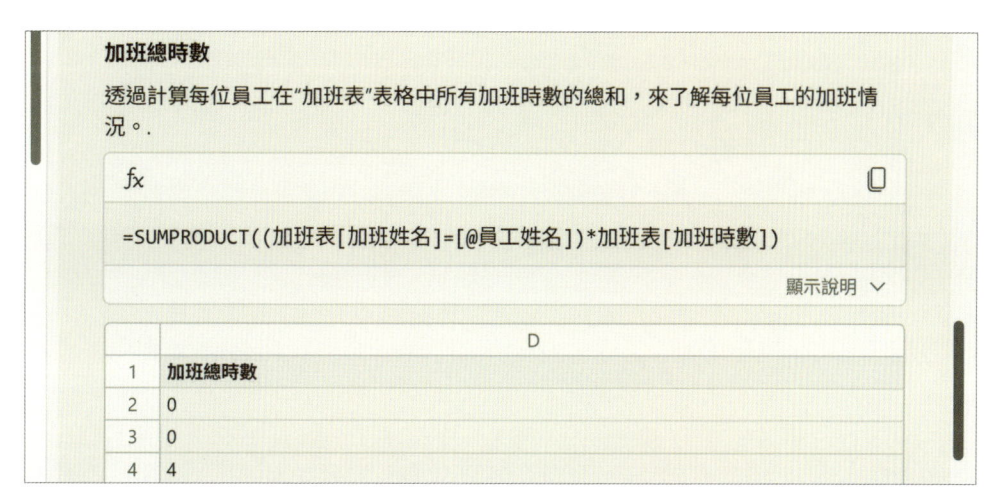

加班總時數

透過計算每位員工在"加班表"表格中所有加班時數的總和，來了解每位員工的加班情況。

fx
`=SUMPRODUCT((加班表[加班姓名]=[@員工姓名])*加班表[加班時數])`

顯示說明 ∨

	D
1	加班總時數
2	0
3	0
4	4

95

▶ 點選：插入欄鈕，結果如下：

	A	B	C	D
1	部門名稱	員工姓名	月薪	加班總時數
2	人事部	陳舜庭	52530	0
3	人事部	張財全	31930	0
4	人事部	楊習仁	29767	4
5	人事部	劉伯村	28325	6

說明

範例 05：Copilot 只提供公式，使用者必須手動操作。

範例 06：Copilot 提供公式，並提供插入鈕，全自動完成任務。

其實經過多次測試，Copilot 並不穩定，範例 05 也曾有自動完成的時候。

範例 08　年資計算

▶ 選取工作表：年資

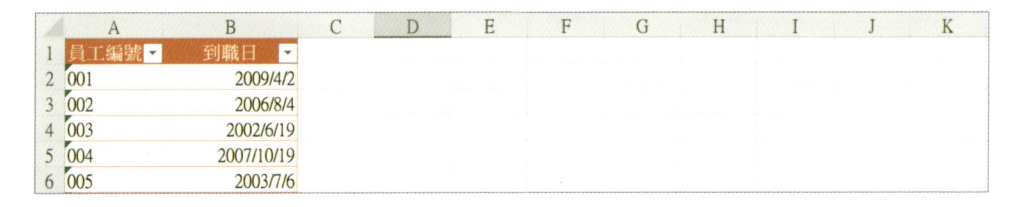

	A	B	C	D	E	F	G	H	I	J	K
1	員工編號	到職日									
2	001	2009/4/2									
3	002	2006/8/4									
4	003	2002/6/19									
5	004	2007/10/19									
6	005	2003/7/6									

要求：計算年資

提示詞　請根據到職日計算年資，填入 C 欄

▶ 點選：執行鈕，結果如下圖：

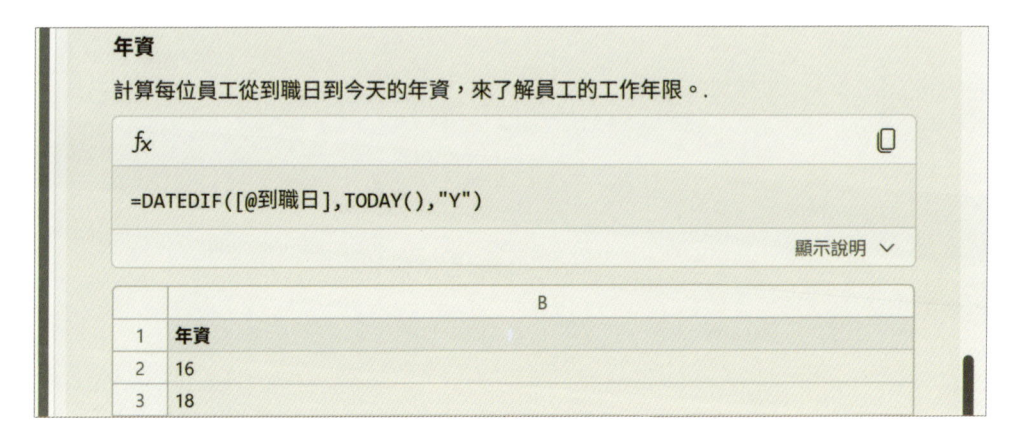

年資

計算每位員工從到職日到今天的年資，來了解員工的工作年限。

fx

`=DATEDIF([@到職日],TODAY(),"Y")`

顯示說明 ∨

	B
1	年資
2	16
3	18

▶ 點選：插入欄鈕，結果如下：

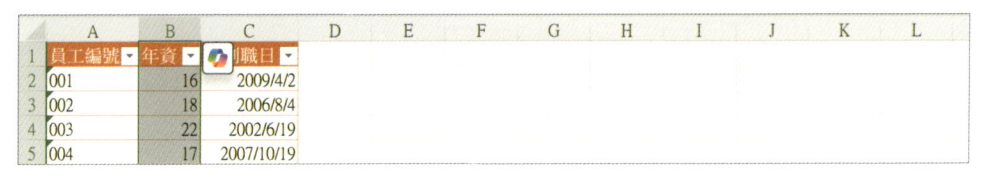

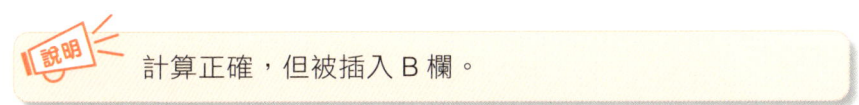

	A	B	C	D	E	F	G	H	I	J	K	L
1	員工編號	年資	到職日									
2	001	16	2009/4/2									
3	002	18	2006/8/4									
4	003	22	2002/6/19									
5	004	17	2007/10/19									

說明　計算正確，但被插入 B 欄。

> 💬 **提示詞**　請以到職日為起始日，2020/12/31 為截止日期，計算年資，填入 D 欄

▶ 點選：執行鈕，點選：插入欄鈕，結果如下：

	A	B	C	D
1	員工編號	年資	到職日	計算年資
2	001	16	2009/4/2	11
3	002	18	2006/8/4	14
4	003	22	2002/6/19	18
5	004	17	2007/10/19	13

📢 **說明**

計算正確，填入 D 欄也正確。

經過多次測試，Copilot 插入欄位的準確性也是不穩定的。

Copilot 在 Excel 的應用 3

範例 09 四捨五入

▶ 選取工作表：四捨五入

	A	B	C	D	E	F
1	座號	中文	英文	數學	生物	平均成績
2	01	76	65	41	63	61.25
3	02	56	94	76	68	73.5
4	03	47	89	61	90	71.75
5	04	80	88	44	97	77.25
6	05	56	45	80	70	62.75

要求：對數值進行四捨五入運算

💬 提示詞　請將 F 欄資料進行四捨五入處理，小數點取 0 位，填入 G 欄

▶ 點選：執行鈕，結果如下圖：

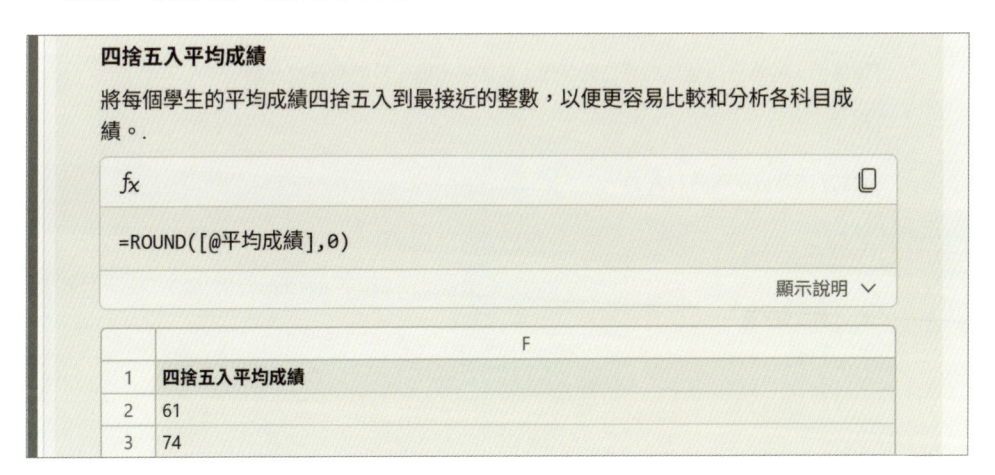

四捨五入平均成績

將每個學生的平均成績四捨五入到最接近的整數，以便更容易比較和分析各科目成績。

fx　=ROUND([@平均成績],0)

顯示說明 ∨

	F
1	四捨五入平均成績
2	61
3	74

▶ 點選：插入欄鈕，結果如下圖：

	A	B	C	D	E	F	G
1	座號	中文	英文	數學	生物	平均成績	四捨五入平均成績
2	01	76	65	41	63	61.25	61
3	02	56	94	76	68	73.5	74
4	03	47	89	61	90	71.75	72
5	04	80	88	44	97	77.25	77
6	05	56	45	80	70	62.75	63

📢 說明　相對應的函數還有：INT( ) → 取整數。

範例 10 部分字串

▶ 選取工作表：二選一

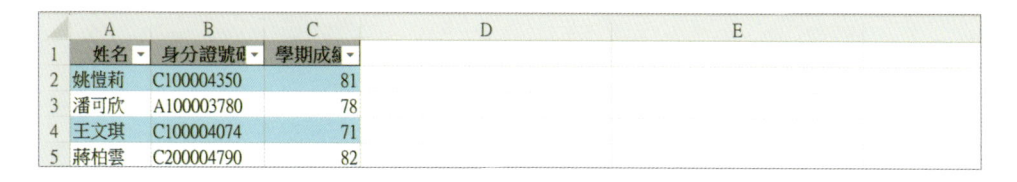

	A	B	C
1	姓名	身分證號碼	學期成績
2	姚愷莉	C100004350	81
3	潘可欣	A100003780	78
4	王文琪	C100004074	71
5	蔣柏雲	C200004790	82

要求：取出身分證號碼第 2 個字元

> **提示詞**：請取出 B 欄第 2 個字元，填入 D 欄

▶ 點選：執行鈕，結果如下圖：

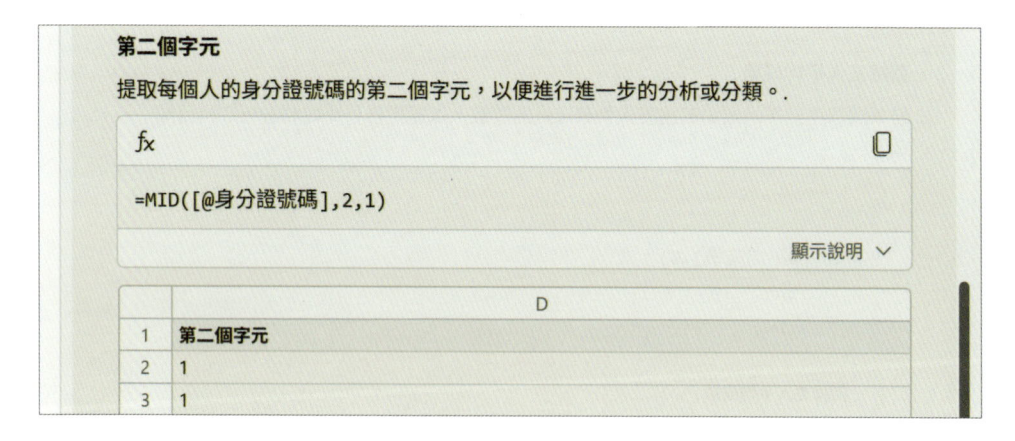

第二個字元

提取每個人的身分證號碼的第二個字元，以便進行進一步的分析或分類。

`=MID([@身分證號碼],2,1)`

	D
1	第二個字元
2	1
3	1

▶ 點選：插入欄鈕，結果如下圖：

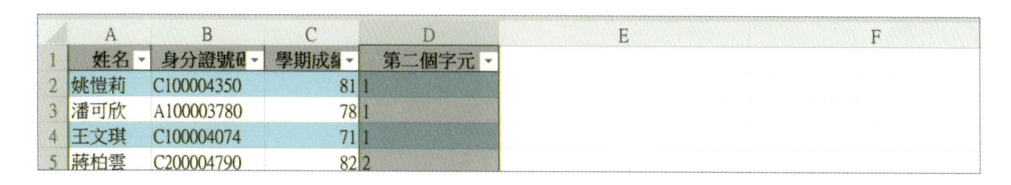

	A	B	C	D
1	姓名	身分證號碼	學期成績	第二個字元
2	姚愷莉	C100004350	81	1
3	潘可欣	A100003780	78	1
4	王文琪	C100004074	71	1
5	蔣柏雲	C200004790	82	2

範例 11 二選一

▶ 延續上一個範例

	A	B	C	D	E	F
1	姓名	身分證號碼	學期成績	第二個字元		
2	姚愷莉	C100004350	81	1		
3	潘可欣	A100003780	78	1		
4	王文琪	C100004074	71	1		
5	蔣柏雲	C200004790	82	2		

要求：性別判定

提示詞　請幫我將 D 欄的 "1" 轉換為 " 男 "，"2" 轉換為 " 女 "，填入 E 欄

▶ 點選：執行鈕，結果如下圖：

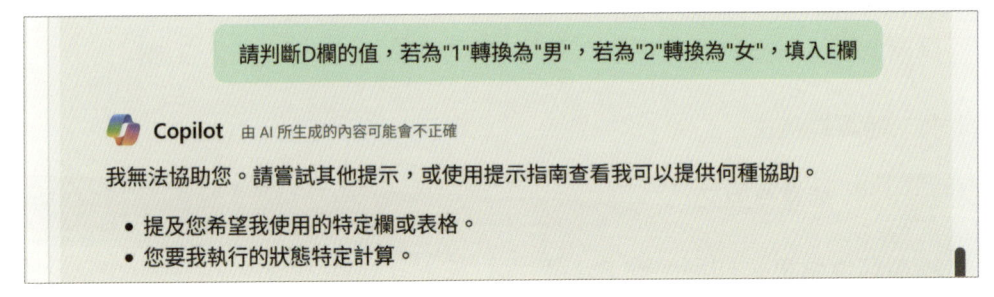

> 請判斷D欄的值，若為"1"轉換為"男"，若為"2"轉換為"女"，填入E欄
>
> **Copilot** 由 AI 所生成的內容可能會不正確
>
> 我無法協助您。請嘗試其他提示，或使用提示指南查看我可以提供何種協助。
> - 提及您希望我使用的特定欄或表格。
> - 您要我執行的狀態特定計算。

說明　經過多次測試，不斷修改提示詞，僅有少數次成功執行。

範例 12 以英文發問

▶ 延續上一個範例

	A	B	C	D
1	姓名	身分證號碼	學期成績	第二個字元
2	姚愷莉	C100004350	81	1
3	潘可欣	A100003780	78	1
4	王文琪	C100004074	71	1
5	蔣柏雲	C200004790	82	2

說明

Copilot 雖然接受各種語言提問，但它的「母語」仍是英文，因此我們嘗試以英文撰寫提示詞。

▶ 開啟 Word 空白文件，輸入以下文字：

請幫我將 D 欄的 "1" 轉換為 "男"，否則轉換為 "女"，填入 E 欄

要求：翻譯為英文

提示詞 翻譯為英文

▶ 複製翻譯結果，切換回到 Excel

提示詞 Please help me convert the '1' in column D to 'Male', otherwise convert to 'Female', and fill them in column E

▶ 點選：執行鈕，結果如下圖：

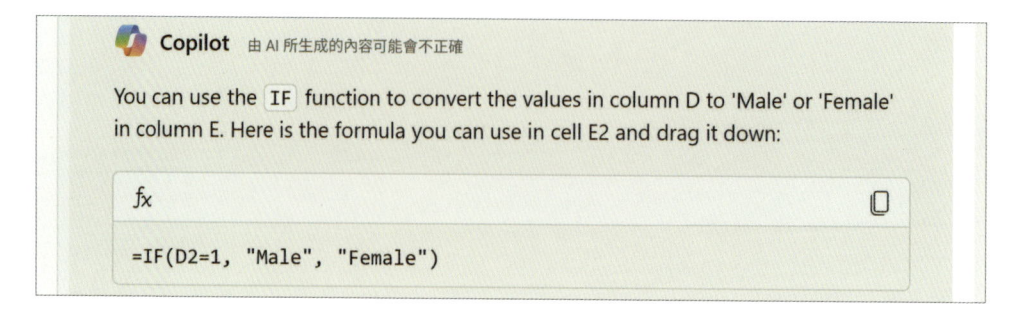

> **Copilot** 由 AI 所生成的內容可能會不正確
>
> You can use the `IF` function to convert the values in column D to 'Male' or 'Female' in column E. Here is the formula you can use in cell E2 and drag it down:
>
> fx
>
> `=IF(D2=1, "Male", "Female")`

Copilot 在 Excel 的應用 **3**

▶ 修正公式為：=IF(D2 ＝ "1" , "男" , "女")

在 E2 儲存格輸入運算式，得到正確結果如下圖：

	A	B	C	D	E	F
1	姓名	身分證號碼	學期成績	第二個字元	欄1	
2	姚愷莉	C100004350	81	1	男	
3	潘可欣	A100003780	78	1	男	
4	王文琪	C100004074	71	1	男	
5	蔣柏雲	C200004790	82	2	女	

公式列：=IF(D2="1","男","女")

Section 3.4 樞紐分析與統計圖

- 開啟範例檔案：E03- 樞紐分析與統計圖 .xlsx

	A	B
1	部門名稱	達成業績
2	業務一課	247867390
3	業務二課	219769732
4	業務三課	310152340
5	業務四課	288444890

工作表：圖形圖、圖-結果、交易、長條圖、單一欄位、交叉分析

傳統的 Excel 統計圖是先進行資料統計，再根據統計資料進行繪圖，但在 Copilot 中，它只會為你進行樞紐分析再產生統計圖。

103

範例 01　繪製圓形圖

▶ 開啟工作表：圓形圖

	A	B
1	部門名稱	達成業績
2	業務一課	247867390
3	業務二課	219769732
4	業務三課	310152340
5	業務四課	288444890
6		

要求：繪製圓形圖

提示詞　請繪製圓形圖

▶ 點選：執行鈕，點選：新增至新工作表鈕，結果如下圖：

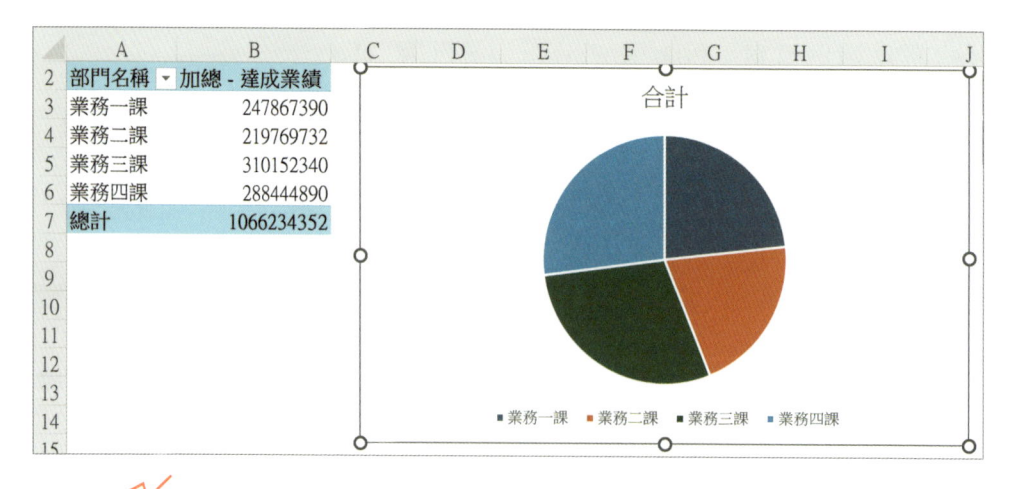

	A	B
2	部門名稱 ▼	加總 - 達成業績
3	業務一課	247867390
4	業務二課	219769732
5	業務三課	310152340
6	業務四課	288444890
7	總計	1066234352

合計（圓形圖：業務一課、業務二課、業務三課、業務四課）

說明　請注意！系統先產生樞紐分析表，再根據樞紐分析表產生統計圖。

Copilot 在 Excel 的應用　3

範例 02　繪製折線圖

▶ 選取工作表：折線圖

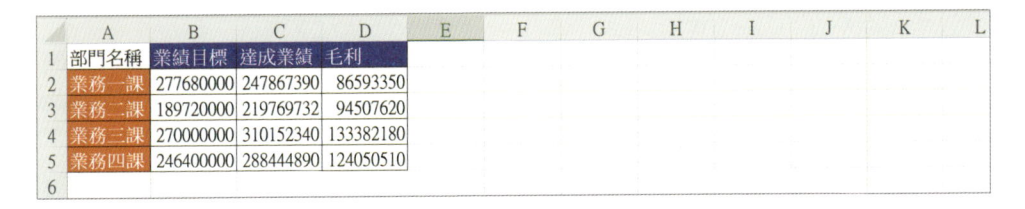

	A	B	C	D
1	部門名稱	業績目標	達成業績	毛利
2	業務一課	277680000	247867390	86593350
3	業務二課	189720000	219769732	94507620
4	業務三課	270000000	310152340	133382180
5	業務四課	246400000	288444890	124050510
6				

要求：繪製折線圖

提示詞　繪製折線圖

▶ 點選：執行鈕，結果如下圖：

> 在數據範圍 **A1:D5** 中，列和欄中有標頭。修改範圍以在數據上方有一列標題，或選取符合準則的其他範圍，然後再次嘗試您的問題。如果範圍已符合準則，<u>請選取整個範圍</u>。然後，移至 [插入]，然後選取 [數據表]。

說明

系統並沒有產生折線圖，而是提供繪製折線圖的步驟。

嘗試其他類型統計圖，結果是一樣的：Copilot 不執行單純的繪圖。

105

範例 03　單一欄位統計

▶ 選取工作表：交易

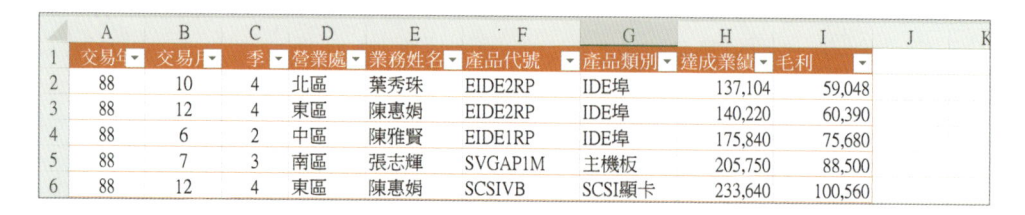

	A	B	C	D	E	F	G	H	I
1	交易年	交易月	季	營業處	業務姓名	產品代號	產品類別	達成業績	毛利
2	88	10	4	北區	葉秀珠	EIDE2RP	IDE埠	137,104	59,048
3	88	12	4	東區	陳惠娟	EIDE2RP	IDE埠	140,220	60,390
4	88	6	2	中區	陳雅賢	EIDE1RP	IDE埠	175,840	75,680
5	88	7	3	南區	張志輝	SVGAP1M	主機板	205,750	88,500
6	88	12	4	東區	陳惠娟	SCSIVB	SCSI顯卡	233,640	100,560

要求：繪製折線圖

提示詞　請統計各部門達成業績總和，並繪製折線圖

▶ 點選：執行鈕，點選：新增至新工作表鈕，結果如下圖：

	A	B
2	部門名稱	加總 - 達成業績
3	業務一課	654,755,480
4	業務二課	702,979,292
5	業務三課	641,629,230
6	業務四課	655,130,150
7	總計	2,654,494,152

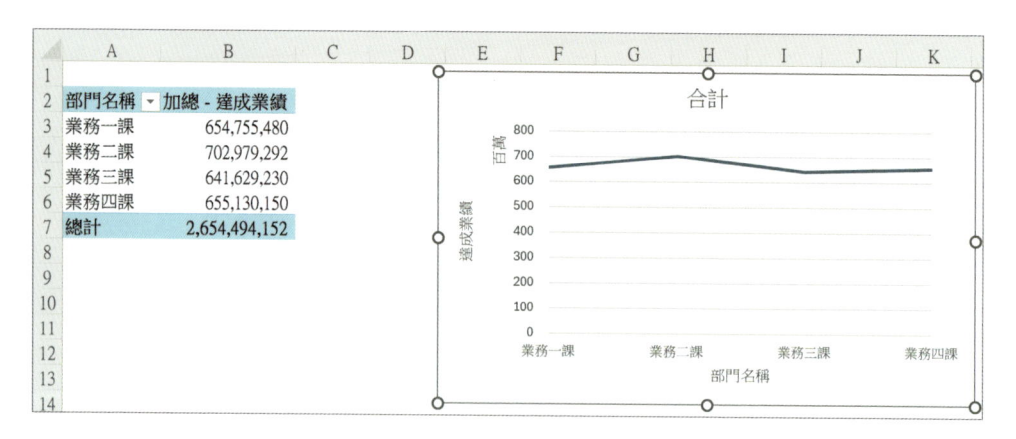

說明　Copilot 進行樞紐分析後，產生折線圖。

Copilot 在 Excel 的應用　**3** CHAPTER

範例 04 交叉分析 - 折線圖

▶ 延續上一個範例

要求：繪製群組折線圖

💬 提示詞　請統計各部門、各交易年達成業績總和，並繪製折線圖

▶ 點選：執行鈕，點選：新增至新工作表鈕，結果如下圖：

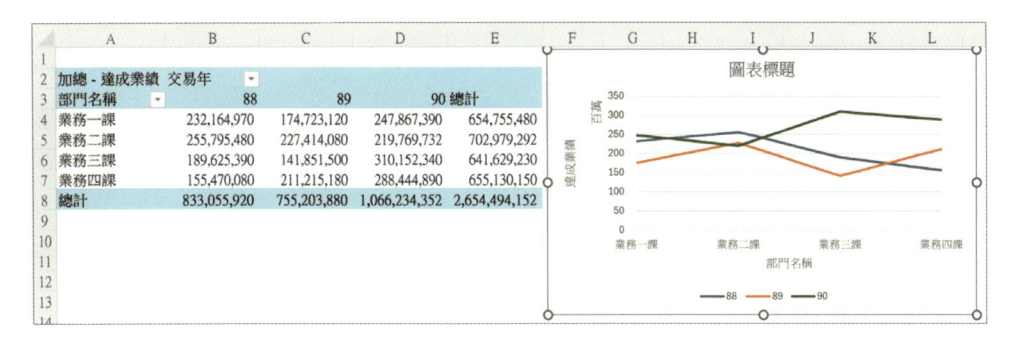

	A	B	C	D	E
1	加總 - 達成業績	交易年			
2	部門名稱	88	89	90	總計
3	業務一課	232,164,970	174,723,180	247,867,390	654,755,450
4	業務二課	255,795,480	227,414,080	219,769,732	702,979,292
5	業務三課	189,625,390	141,851,500	310,152,340	641,629,230
6	業務四課	155,470,080	211,215,180	288,444,890	655,130,150
7	總計	833,055,920	755,203,880	1,066,234,352	2,654,494,152

📢 說明　Copilot 產生交叉分析表後，產生群組折線圖。

範例 05 交叉分析 - 群組直條圖

▶ 延續上一個範例

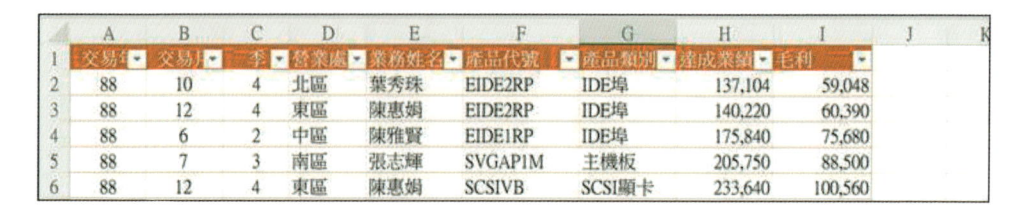

	A	B	C	D	E	F	G	H	I	J	K
1	交易年	交易月	季	營業廳	業務姓名	產品代號	產品類別	達成業績	毛利		
2	88	10	4	北區	葉秀珠	EIDE2RP	IDE埠	137,104	59,048		
3	88	12	4	東區	陳惠娟	EIDE2RP	IDE埠	140,220	60,390		
4	88	6	2	中區	陳雅賢	EIDE1RP	IDE埠	175,840	75,680		
5	88	7	3	南區	張志輝	SVGAP1M	主機板	205,750	88,500		
6	88	12	4	東區	陳惠娟	SCSIVB	SCSI顯卡	233,640	100,560		

要求：繪製群體直條圖

提示詞　請統計各部門、各交易年，達成業績總和，並繪製群組直條圖

▶ 點選：執行鈕，點選：新增至新工作表鈕，結果如下圖：

	A	B	C	D	E
1					
2	加總 - 達成業績	交易年			
3	部門名稱	88	89	90	總計
4	業務一課	232,164,970	174,723,120	247,867,390	654,755,480
5	業務二課	255,795,480	227,414,080	219,769,732	702,979,292
6	業務三課	189,625,390	141,851,500	310,152,340	641,629,230
7	業務四課	155,470,080	211,215,180	288,444,890	655,130,150
8	總計	833,055,920	755,203,880	1,066,234,352	2,654,494,152

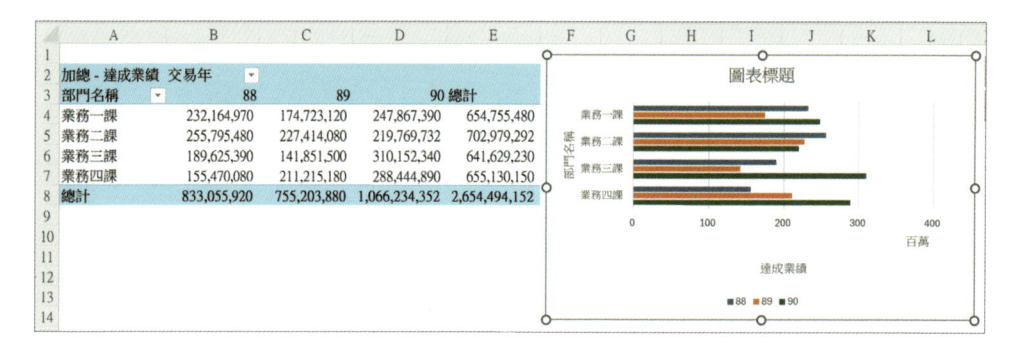

Chapter 3 Copilot 在 Excel 的應用

範例 06 正式樞紐分析

▶ 延續上一個範例

	A	B	C	D	E	F	G	H	I	J	K
1	交易年	交易月	季	營業處	業務姓名	產品代號	產品類別	達成業績	毛利		
2	88	10	4	北區	葉秀珠	EIDE2RP	IDE埠	137,104	59,048		
3	88	12	4	東區	陳惠娟	EIDE2RP	IDE埠	140,220	60,390		
4	88	6	2	中區	陳雅賢	EIDE1RP	IDE埠	175,840	75,680		
5	88	7	3	南區	張志輝	SVGAP1M	主機板	205,750	88,500		
6	88	12	4	東區	陳惠娟	SCSIVB	SCSI顯卡	233,640	100,560		

要求:以精準的提示詞,指定樞紐分析表完成的資料格式

> **提示詞** 請進行樞紐分析,列欄位為:營業處,欄欄位為:交易年,值欄位為:達成業績

▶ 點選:執行鈕,點選:新增至新工作表鈕,結果如下圖:

	A	B	C	D	E	F	G	H	I	J
2	加總 - 達成業績	交易年								
3	營業處	88	89	90	總計					
4	北區	69,966,944	111,610,520	106,188,110	287,765,574					
5	中區	59,635,540	37,382,100	74,896,380	171,914,020					
6	南區	72,406,710	120,690,780	70,873,580	263,971,070					
7	東區	102,544,770	102,528,480	97,411,780	302,485,030					
8	總計	304,553,964	372,211,880	349,369,850	1,026,135,694					

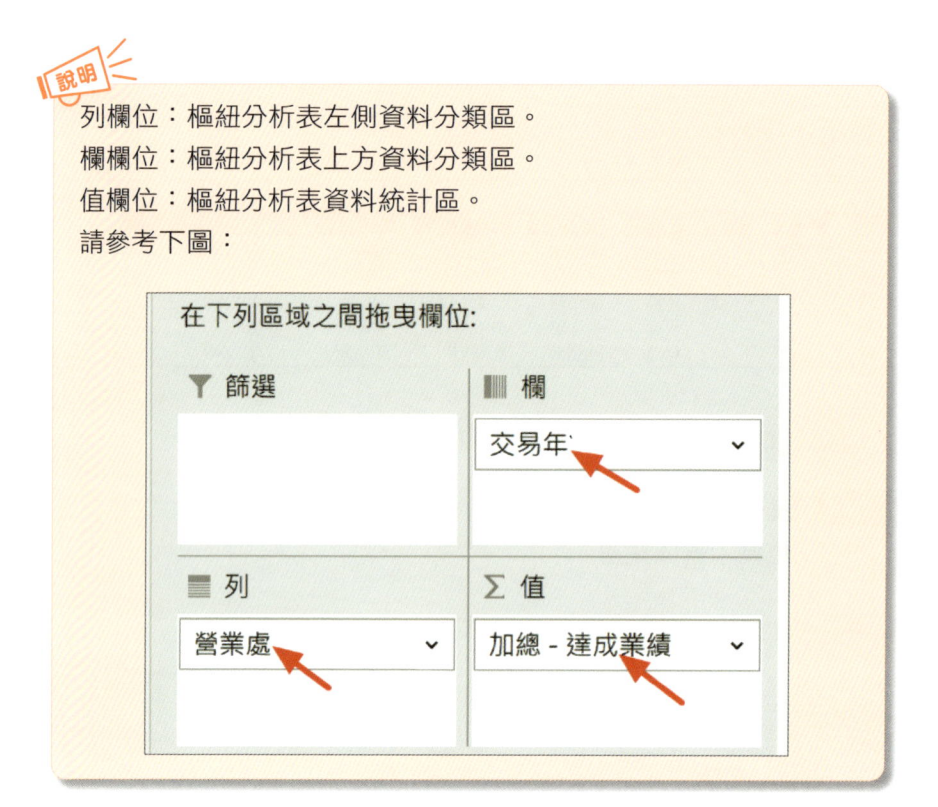

> **說明**
> 列欄位：樞紐分析表左側資料分類區。
> 欄欄位：樞紐分析表上方資料分類區。
> 值欄位：樞紐分析表資料統計區。
> 請參考下圖：
>
> 在下列區域之間拖曳欄位：
>
> | ▼ 篩選 | ⦀ 欄 |
> |---|---|
> | | 交易年 |
> | ≡ 列 | Σ 值 |
> | 營業處 | 加總 - 達成業績 |

Section
3.5 巨集

- 開啟範例檔案：E04- 巨集 .xlsx

在 Microsoft Office 中，巨集又稱為 VBA，是 Office 專屬的程式設計語言，以前這個領域是專業人士獨享，Copilot 輕易打破這個藩籬，讓會說話的人都可以寫程式。

產生巨集程式

Copilot 能為使用者撰寫程式碼，使用者也可以透過提示詞來指導 Copilot 完成各項任務，舉例如下：

> **提示詞**　請撰寫一巨集，在 A1:A100 填入奇數，由 1 開始

- 點選：執行鈕，結果如下圖：

```
CAUTION: Please carefully review the generated VBA code before running it!

Sub FillOddNumbers()
    Dim i As Integer
    Dim cell As Range
    i = 1
    For Each cell In Range("A1:A100")
        cell.Value = i
        i = i + 2
    Next cell
End Sub
```
程式碼

根據提示詞，Copilot 產生程式碼如上圖，Sub 是程式開頭，End Sub 是程式結束，這一段程式碼必須複製到 VBA 視窗中才能執行，請看下一節解說。

> 說明
>
> 在 Excel 以 Copilot 撰寫巨集程式的功能目前不是十分穩定，筆者測試時經常會發生無法建立巨集的情況，並顯示以下訊息：

> Copilot 由 AI 所生成的內容可能會不正確
>
> 我可以針對該項目使用進階分析。以下是一旦您開始分析後我將執行的動作：
> - 為結果建立新工作表
> - 自動寫入並插入 Python 公式
> - 在多則訊息中回應您的提示

筆者嘗試使用 Edge 瀏覽器，結果是成功的，如下圖：

> 請撰寫一excel巨集程式，在A1:A100範圍內填入基數，由1開始

當然！以下是適合你的Excel VBA巨集程式，能夠在A1:A100範圍內填入由1開始的奇數：

```vba
Sub FillOddNumbers()
    Dim i As Integer
    Dim row As Integer
    
    row = 1  ' 起始行
    
    For i = 1 To 199 Step 2  ' 只取奇數
        Cells(row, 1).Value = i
        row = row + 1
    Next i
End Sub
```

巨集程式的環境介紹

檔案類型

有程式就可能攜帶病毒，為防止病毒侵害，活頁簿中若要儲存巨集程式，系統便會要求以 xlsm（啟用巨集的活頁簿）來存檔，一般檔案則使用 xlsx（Excel 活頁簿）。

- 按存檔鈕,選擇檔案類型:Excel 啟用巨集的活頁簿 *.xlsm
  請參考下圖:

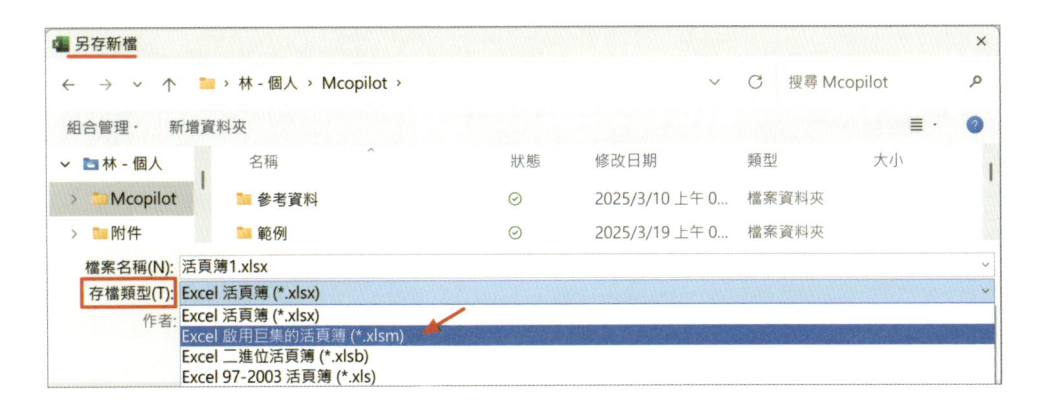

開啟巨集程式編輯視窗

若要撰寫巨集程式便必須開啟 VBA 編輯視窗。

- 按下 ALT + F11 鍵,VBA 視窗開啟如下圖:

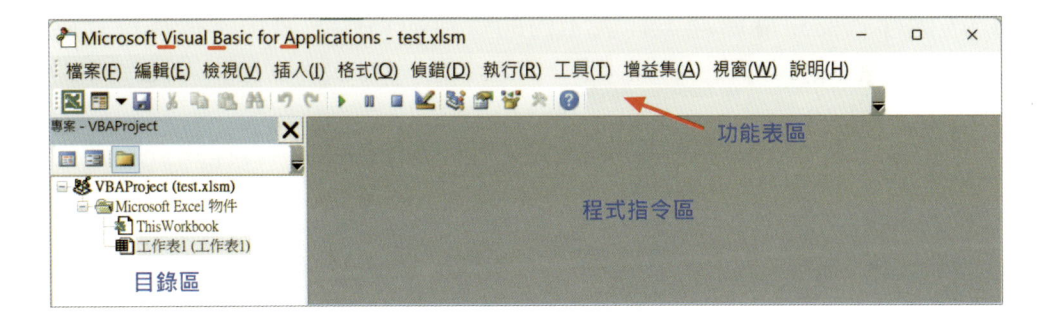

- 調整 VBA 編輯視窗及工作表的大小、位置讓 2 個視窗以垂直並排方式呈現,如下圖:

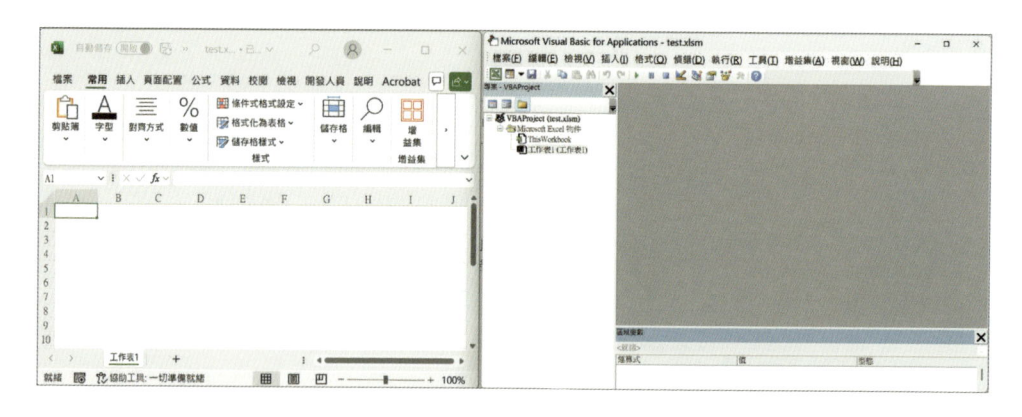

儲存程式碼

程式碼可以擺放在活頁簿(ThisWorkbook),也可以擺在特定的工作表,如果擺在活頁簿,那這個程式執行時便可以對活頁簿上所有工作表的資料與物件進行處理,若貼在特定工作上(例如上圖:工作表1),此程式便只能處理工作表 1 內的資料與物件,因此建議將程式碼貼在 ThisWorkbook。

- 在目錄區的 ThisWorkbook 上點 2 下,活頁簿的空白程式頁開啟如下圖:

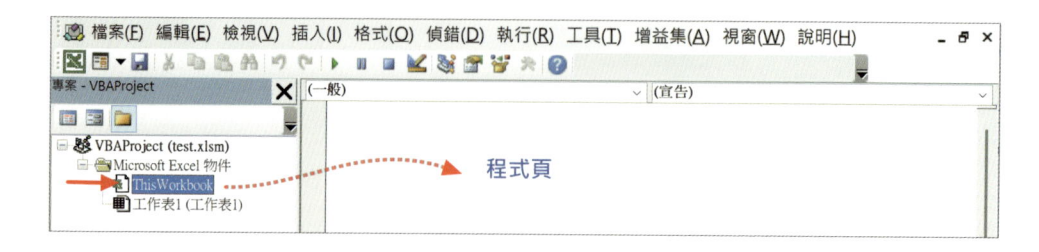

Copilot 在 Excel 的應用 3

- 複製由 Copilot 產生的程式碼

```
CAUTION: Please carefully review the generated VBA code before running it!

Sub FillOddNumbers()
    Dim i As Integer
    For i = 1 To 100
        Cells(i, 1).Value = 2 * i - 1
    Next i
End Sub
```

- 貼至空白程式頁內，結果如下圖：

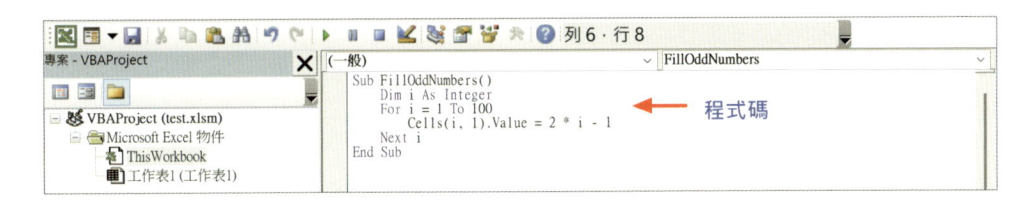

← 程式碼

執行程式

- 點選執行鈕，巨集程式執行結果如下圖：

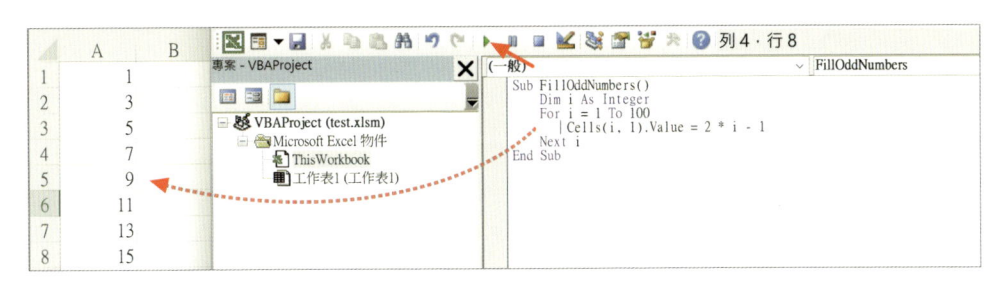

115

指定工作表

本範例並未涉及任何工作表上的資料與物件,因此程式中沒有指定工作表名稱的指令,多數情況下,Copilot 產生的程式碼,會有一行指定工作表的指令,這行指令必須加以修改,程式碼執行時才不會產生錯誤,請參考下方說明:

> 原始指令:Set ws = ThisWorkbook.Sheets("ooxx")
>
> 變更指令:Set ws = ThisWorkbook.Sheets("工作表 1")
> (假設:我們要處理的資料在工作表 1)

Copilot 在 Excel 的應用 **3**

範例 01 性別判定

▶ 開啟範例檔案：E05- 性別 .xlsm

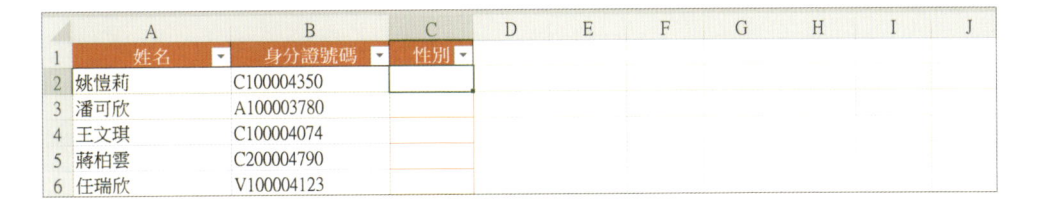

	A	B	C	D	E	F	G	H	I	J
1	姓名	身分證號碼	性別							
2	姚愷莉	C100004350								
3	潘可欣	A100003780								
4	王文琪	C100004074								
5	蔣柏雲	C200004790								
6	任瑞欣	V100004123								

要求：根據身分證號碼第 2 碼產生性別欄位

> **提示詞** 請撰寫一個巨集程式，根據身分證號碼第 2 碼，如果是 1 則轉換為男，否則轉換為女，填入 C 欄

▶ 複製程式碼，貼至 Excel VBA 視窗中 ThisWorkbook

▶ 修改工作表名稱為 "性別"，如下圖：

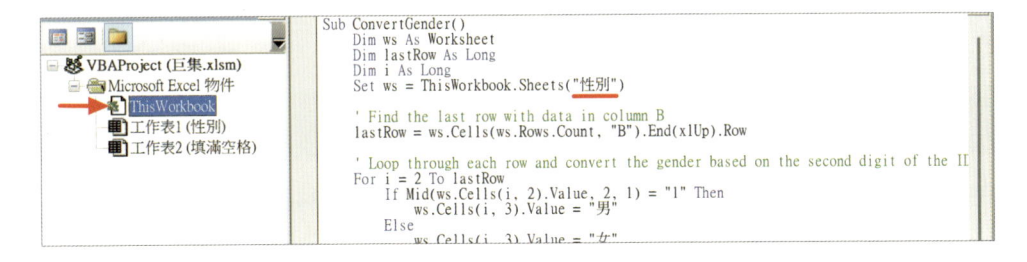

```
Sub ConvertGender()
    Dim ws As Worksheet
    Dim lastRow As Long
    Dim i As Long
    Set ws = ThisWorkbook.Sheets("性別")

    ' Find the last row with data in column B
    lastRow = ws.Cells(ws.Rows.Count, "B").End(xlUp).Row

    ' Loop through each row and convert the gender based on the second digit of the ID
    For i = 2 To lastRow
        If Mid(ws.Cells(i, 2).Value, 2, 1) = "1" Then
            ws.Cells(i, 3).Value = "男"
        Else
            ws.Cells(i, 3).Value = "女"
```

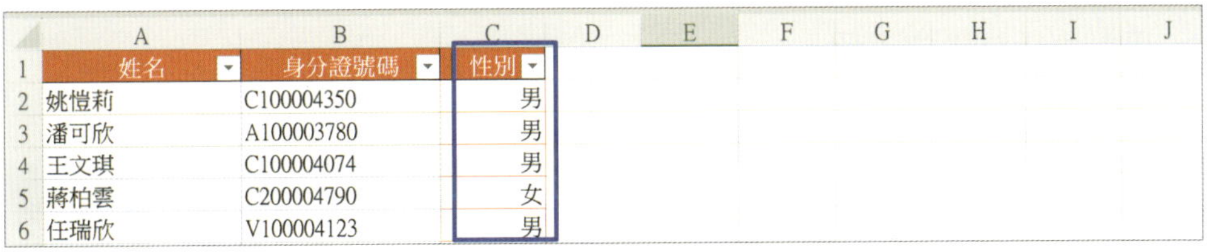

▶ 程式執行結果如下圖：

	A	B	C	D	E	F	G	H	I	J
1	姓名	身分證號碼	性別							
2	姚愷莉	C100004350	男							
3	潘可欣	A100003780	男							
4	王文琪	C100004074	男							
5	蔣柏雲	C200004790	女							
6	任瑞欣	V100004123	男							

117

範例 02 填滿空格

▶ 開啟範例檔案：E06- 填滿空格 .xlsm

	A	B	C	D	E	F	G
1	業務姓名	客戶寶號	90年交易	91年交易	92年交易		
2	毛渝南	九和汽車股份有限公司	19,646,570	19,691,020			
3		有萬貿易股份有限公司		3,991,550	10,081,750		
4		羽田機械股份有限公司	29,893,350	4,461,940	2,110,080		
5		漢寶農畜產企業公司	19,472,240	6,600,330	1,985,940		
6	王玉治	中衛聯合開發公司	13,139,910	5,703,500	4,020,500		
7		善品精機股份有限公司		28,783,200	39,523,200		
8		菱生精密工業股份有限公司	30,427,920	4,264,120	3,165,120		
9		達亞汽車股份有限公司	15,761,460	1,324,300	1,791,700		

要求：在空白儲存格內填入「指定」資料

> **提示詞**　請寫一巨集，處理 A 欄資料，若是空格則填入上方儲存格資料，處理 C:E 欄資料，若是空格則填入 "無交易"

▶ 複製程式碼，貼至 Excel VBA 視窗中工作表 1

▶ 修改工作表名稱為 "填滿空格"，如下圖：

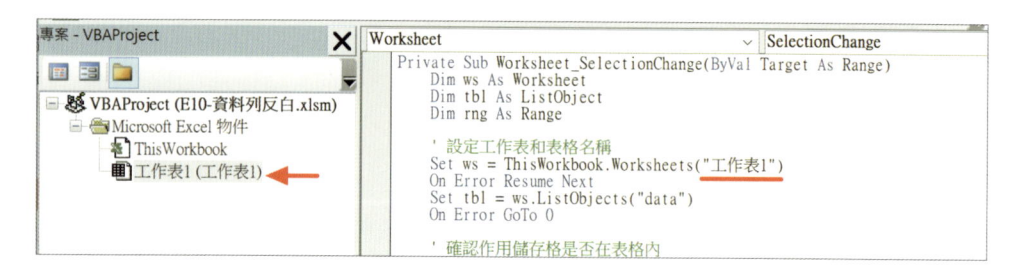

```
Private Sub Worksheet_SelectionChange(ByVal Target As Range)
    Dim ws As Worksheet
    Dim tbl As ListObject
    Dim rng As Range
    ' 設定工作表和表格名稱
    Set ws = ThisWorkbook.Worksheets("工作表1")
    On Error Resume Next
    Set tbl = ws.ListObjects("data")
    On Error GoTo 0
    ' 確認作用儲存格是否在表格內
```

▶ 巨集執行結果如下圖：

	A	B	C	D	E
1	業務姓名	客戶寶號	90年交易	91年交易	92年交易
2	毛渝南	九和汽車股份有限公司	19,646,570	19,691,020	無交易
3	毛渝南	有萬貿易股份有限公司	無交易	3,991,550	10,081,750
4	毛渝南	羽田機械股份有限公司	29,893,350	4,461,940	2,110,080
5	毛渝南	漢寶農畜產企業公司	19,472,240	6,600,330	1,985,940
6	王玉治	中衛聯合開發公司	13,139,910	5,703,500	4,020,500

Copilot 在 Excel 的應用 **3**

範例 03　自動存檔

▶ 開啟範例檔案：E07- 自動存檔 .xlsm

要求：設定活頁簿自動存檔

> 💬 **提示詞**　撰寫巨集程式，設定每 10 秒自動存檔

Copilot 產生 3 支程式，如下圖：

```
Private Sub Workbook_Open()
    ' 啟動時開始計時器
    Application.OnTime Now + TimeValue("00:00:10"), "AutoSaveWorkbook"
End Sub
```

```
Sub AutoSaveWorkbook()
    ' 自動存檔程式
    ThisWorkbook.Save
    ' 設定下一次執行時間
    Application.OnTime Now + TimeValue("00:00:10"), "AutoSaveWorkbook"
End Sub
```

```
Private Sub Workbook_BeforeClose(Cancel As Boolean)
    ' 停止計時器以避免錯誤
    On Error Resume Next
    Application.OnTime EarliestTime:=Now + TimeValue("00:00:10"), Procedure:="AutoSaveWorkbook", Schedule:=False
End Sub
```

▶ 複製第 2 支程式碼，貼至 Excel VBA 視窗中 ThisWorkbook 中間插入一測試指令，如下圖：

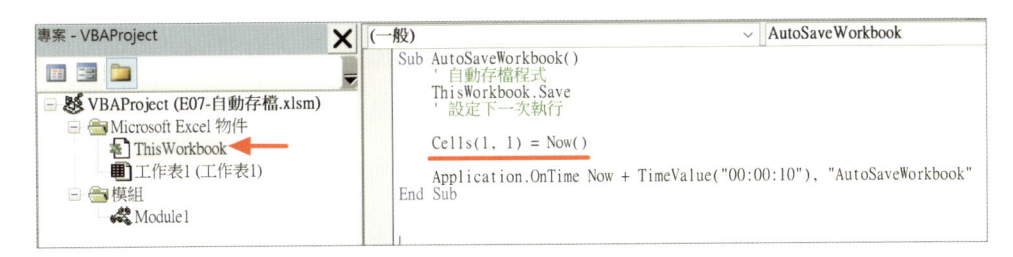

▶ 執行後產生錯誤訊息，如下圖：

Microsoft Excel

⚠ 無法執行巨集 "E07-自動存檔.xlsm'!AutoSaveWorkbook'。該巨集可能無法在此活頁簿中使用，或者已停用所有巨集。

確定

▶ 在 Microsoft Excel 物件上按右鍵→插入→模組，如下圖：

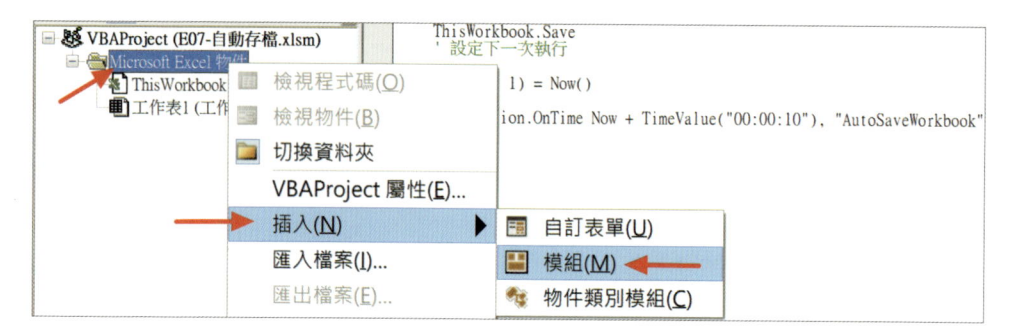

▶ 剪下 ThisWorkbook 的程式碼，貼至 Module1，如下圖：

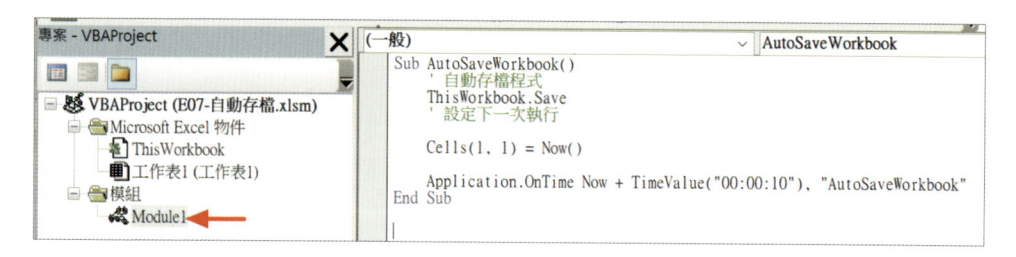

▶ 執行程式，結果如下圖所示，每隔 10 秒時間跳動一次，自動存檔程式被成功執行：

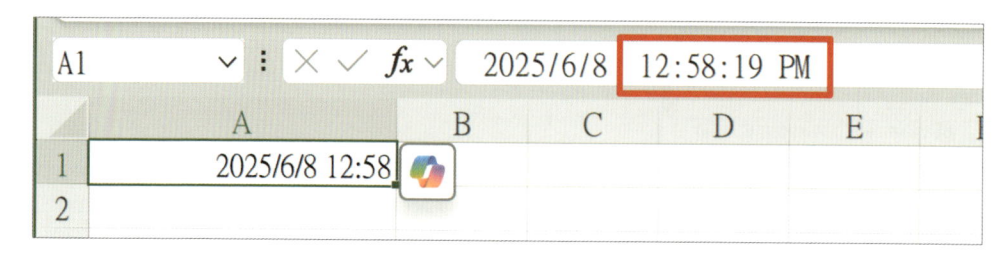

Copilot 在 Excel 的應用

範例 04 新舊資料比對

▶ 開啟範例檔案：E08- 重複資料 .xlsm

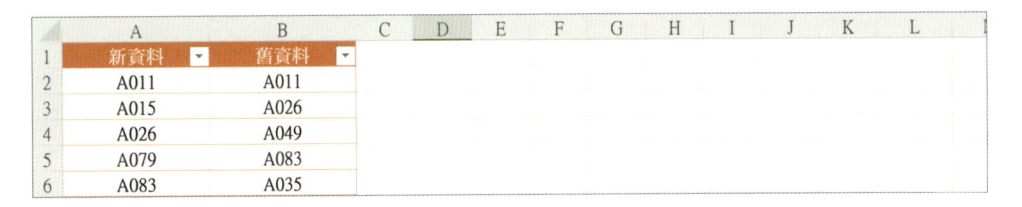

	A	B
1	新資料	舊資料
2	A011	A011
3	A015	A026
4	A026	A049
5	A079	A083
6	A083	A035

要求：比對新舊資料差異

💬 提示詞　請寫一巨集，比較 A 欄與 B 欄，A 欄有而 B 欄沒有的資料，在 A 欄上填入淡紅色網底，B 欄有而 A 欄沒有的資料，在 B 欄上填入淡藍色網底

▶ 複製程式碼，貼至 Excel VBA 視窗中 ThisWorkbook

▶ 修改工作表名稱，如下圖：

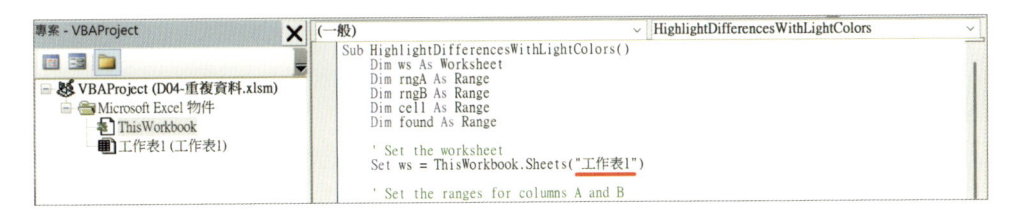

```
Sub HighlightDifferencesWithLightColors()
    Dim ws As Worksheet
    Dim rngA As Range
    Dim rngB As Range
    Dim cell As Range
    Dim found As Range

    ' Set the worksheet
    Set ws = ThisWorkbook.Sheets("工作表1")

    ' Set the ranges for columns A and B
```

▶ 巨集執行結果如下圖：

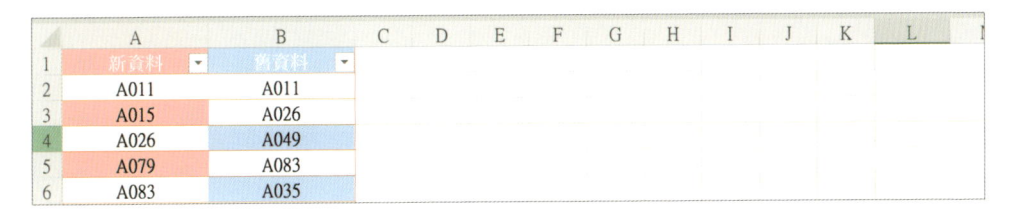

	A	B
1	新資料	舊資料
2	A011	A011
3	A015	A026
4	A026	A049
5	A079	A083
6	A083	A035

121

範例 05 工作表資料合併

▶ 開啟範例檔案：E09- 資料合併 .xlsm

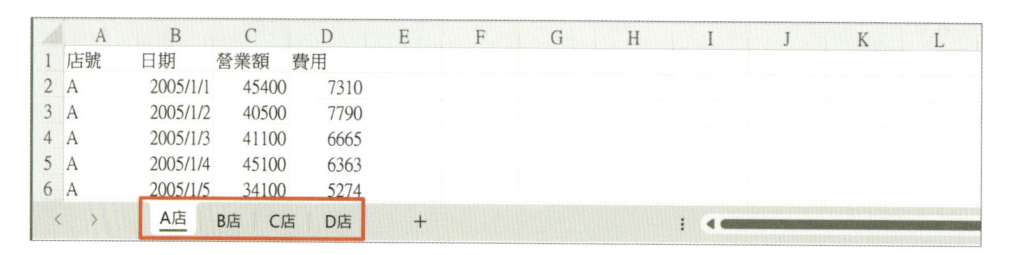

	A	B	C	D
1	店號	日期	營業額	費用
2	A	2005/1/1	45400	7310
3	A	2005/1/2	40500	7790
4	A	2005/1/3	41100	6665
5	A	2005/1/4	45100	6363
6	A	2005/1/5	34100	5274

工作表：A店　B店　C店　D店

要求：將活頁簿內所有工作表資料進行合併

> **提示詞**：請寫一巨集，將活頁簿內所有工作表的資料複製出來，產生一新工作表，儲存所有資料

▶ 複製程式碼，貼至 Excel VBA 視窗中 ThisWorkbook

▶ 本巨集處理所有工作表資料，不須更改程式碼的工作表名稱！

▶ 巨集執行結果如下圖：

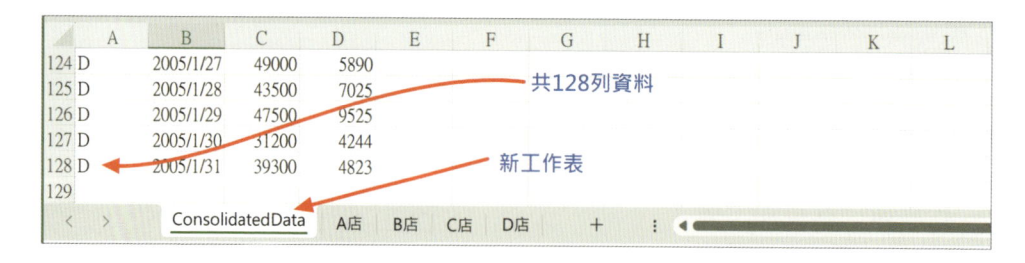

	A	B	C	D
124	D	2005/1/27	49000	5890
125	D	2005/1/28	43500	7025
126	D	2005/1/29	47500	9525
127	D	2005/1/30	31200	4244
128	D	2005/1/31	39300	4823
129				

共128列資料　新工作表：ConsolidatedData　A店　B店　C店　D店

> **說明**：若程式執行產生錯誤，請在 Edge 重新產生程式碼。

範例 06　資料列反白

▶ 開啟範例檔案：E10- 資料列反白 .xlsm

	A	B	C	D
1	店號	日期	營業額	費用
2	A	2005/1/1	45400	7310
3	A	2005/1/2	40500	7790
4	A	2005/1/3	41100	6665
5	A	2005/1/4	45100	6363
6	A	2005/1/5	34100	5274

要求：將作用儲存格所在的列反白

> **提示詞**　請撰寫一巨集，當作用儲存格位於 data 表格內時，將作用儲存格所在的列以反白顯示

▶ 複製程式碼，貼至 Excel VBA 視窗中 ThisWorkbook

▶ 修改工作表名稱，如下圖：

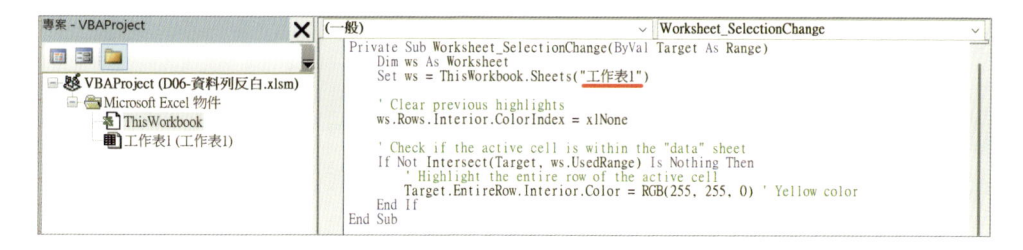

```
Private Sub Worksheet_SelectionChange(ByVal Target As Range)
    Dim ws As Worksheet
    Set ws = ThisWorkbook.Sheets("工作表1")
    
    ' Clear previous highlights
    ws.Rows.Interior.ColorIndex = xlNone
    
    ' Check if the active cell is within the "data" sheet
    If Not Intersect(Target, ws.UsedRange) Is Nothing Then
        ' Highlight the entire row of the active cell
        Target.EntireRow.Interior.Color = RGB(255, 255, 0) ' Yellow color
    End If
End Sub
```

▶ 巨集執行結果如下圖：

	A	B	C	D
1	店號	日期	營業額	費用
2	A	2005/1/1	45400	7310
3	A	2005/1/2	40500	7790
4	A	2005/1/3	41100	6665
5	A	2005/1/4	45100	6363
6	A	2005/1/5	34100	5274

> **說明**
>
> 程式執行時候有小瑕疵,請關閉如下圖對話方塊:
> 在【工作表1】的資料內點一下,
> 就會產生如上圖的反白效果,
> 移動作用儲存格試試看!

範例 07 資料抄錄

▶ 開啟範例檔案：E11- 銷貨單應用 .xlsm

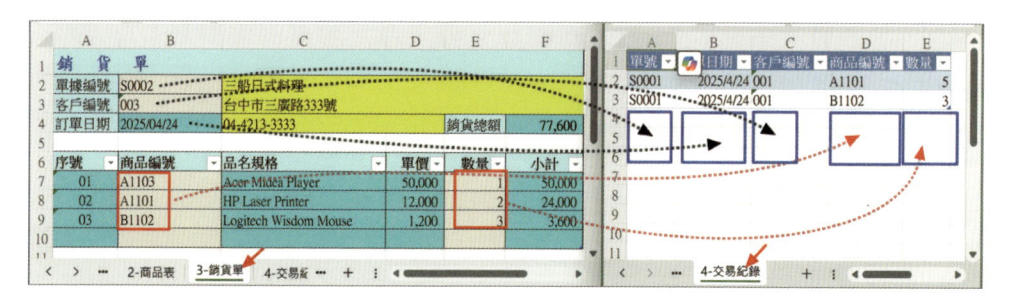

要求：要將銷貨單的資料附加到 mdata 表格內

> **說明**
> - 上圖左側：銷貨單、上圖右側：交易紀錄
> - 交易紀錄 A:E 欄已定義為表格，表格名稱為 mdata
> - 銷貨單頭：
>   B2 儲存格資料要填入 mdata 的 A 欄
>   B3 儲存格資料要填入 mdata 的 C 欄
>   B4 儲存格資料要填入 mdata 的 B 欄
> - 銷貨單身：
>   「商品編號」欄資料要填入 mdata 的 D 欄
>   「數量」欄資料要填入 mdata 的 E 欄

> 💬 **提示詞**　撰寫一個 Excel VBA 將 3- 銷貨單 工作表的資料，附加到 4- 交易紀錄 工作表中的表格 mdata。3- 銷貨單 工作表的 單號在 B2，訂單日期在 B4，客戶編號在 B3，商品編號在 B 欄，第一筆商品編號在 B7。數量在 E 欄，第一筆商品編號在 E7。刪除 mdata 表格數量欄位為 0 的紀錄。

▶ 複製程式碼，貼至 Excel VBA 視窗中 ThisWorkbook，結果如下圖：

```vba
Sub AppendSalesDataAndDeleteZeroQuantity()
    Dim wsSales As Worksheet
    Dim wsRecords As Worksheet
    Dim tblRecords As ListObject
    Dim newRow As ListRow
    Dim i As Long
    Dim lastRow As Long
    
    ' Set worksheets
    Set wsSales = ThisWorkbook.Sheets("3-銷貨單")
    Set wsRecords = ThisWorkbook.Sheets("4-交易紀錄")
    
    ' Set table
    Set tblRecords = wsRecords.ListObjects("mdata")
    
    ' Get last row of sales data
    lastRow = wsSales.Cells(wsSales.Rows.Count, "B").End(xlUp).Row
    
    ' Loop through sales data and append to records table
    For i = 7 To lastRow
        Set newRow = tblRecords.ListRows.Add
        newRow.Range(1).Value = wsSales.Range("B2").Value  ' 單號
        newRow.Range(2).Value = wsSales.Range("B4").Value  ' 訂單日期
        newRow.Range(3).Value = wsSales.Range("B3").Value  ' 客戶編號
        newRow.Range(4).Value = wsSales.Cells(i, "B").Value  ' 商品編號
        newRow.Range(5).Value = wsSales.Cells(i, "E").Value  ' 數量
    Next i
    
    ' Delete rows with quantity equal to 0
    For i = tblRecords.ListRows.Count To 1 Step -1
        If tblRecords.ListRows(i).Range(5).Value = 0 Then
            tblRecords.ListRows(i).Delete
        End If
    Next i
End Sub
```

▶ 執行程式後，3 筆交易紀錄被附加至 mdata 表格下方 結果正確如下圖：

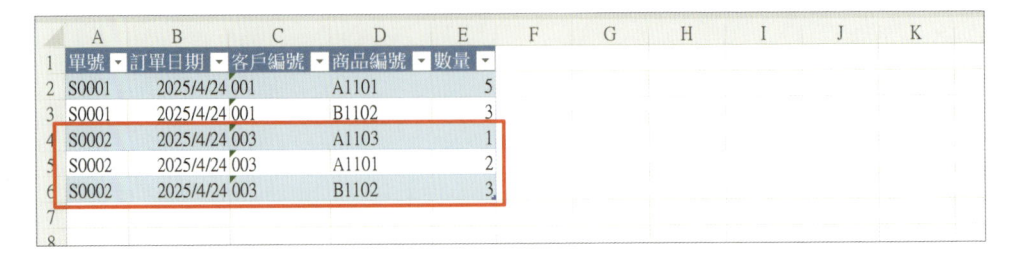

	A	B	C	D	E
1	單號	訂單日期	客戶編號	商品編號	數量
2	S0001	2025/4/24	001	A1101	5
3	S0001	2025/4/24	001	B1102	3
4	S0002	2025/4/24	003	A1103	1
5	S0002	2025/4/24	003	A1101	2
6	S0002	2025/4/24	003	B1102	3

4

Copilot 在 PowerPoint 的應用

　　Copilot 的最主要功能為「內容生成」、「內容彙整」，但在 PowerPoint 中，版面設計與搭配圖片卻是最吸睛的部分，因此 Copilot 將 Designer 納入 PowerPoint 系統，提供的超強「版面設計」與「圖片生成」功能，為簡報提供精緻的美工服務。

Section 4.1 基本功能介紹

🗖 Copilot 操作介面

　　下圖是 PowerPoint 功能表，在【常用】項目下，最右側 2 個項目：

- 設計工具：這就是 Designer，專責簡報、投影片的美化。
- Copilot：專責文字大綱的生成與組織。

另外在投影片左上方還有一個 Copilot 快捷鈕，它提供 3 項功能，如下圖：

1. 建立關於以下內容的簡報（生成新簡報）。
2. 從檔案建立簡報（提供簡報原始資料）。
3. 詢問 Copilot（切換至 Copilot 對話窗格）。

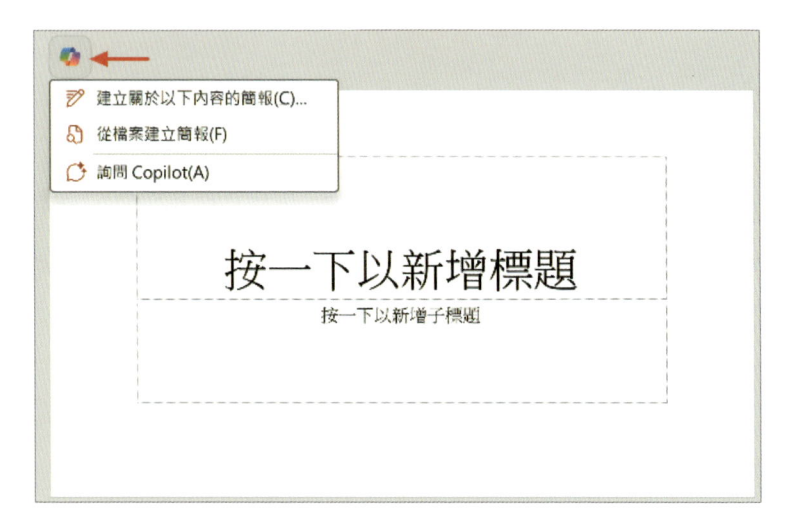

- 點選：常用→ Copilot，開啟 Copilot 窗格如下圖：

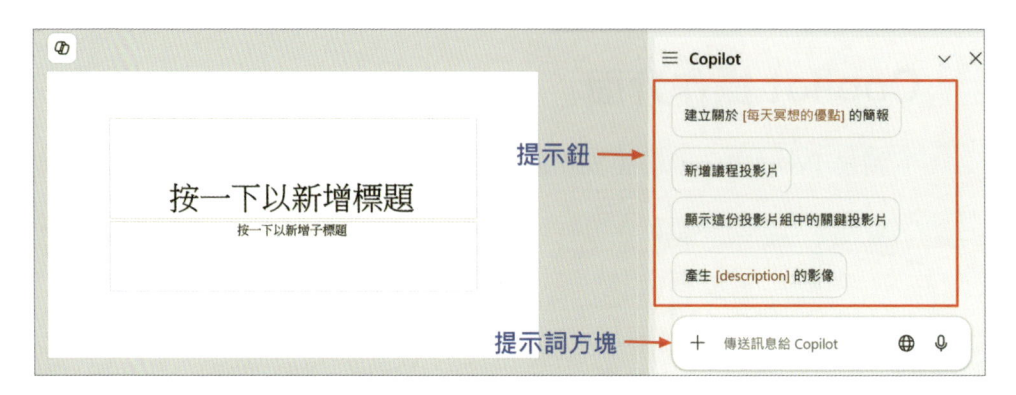

> 說明
>
> Copilot 窗格中會出現一些提示鈕，當你不知道如何指示 Copilot 做事時，可以參考一下，我們的重點會放在「提示詞」方塊的使用。

Copilot 的主要應用

Copilot 在 PowerPoint 的應用主要包含以下幾個項目：

1. 生成新簡報：
   使用者只需提供「主題」、「要求」。

2. 從檔案建立簡報：
   提供具有階層設定的 Word 文件，Copilot 根據文件內容產生簡報。

3. 變更投影片：
   以對談方式指示 Copilot 新增、刪除、修改投影片內容。

4. 更換圖片、版面配置：
   以對談方式指示 Copilot 置換圖片、版面配置。

5. 重組簡報：
   投影片內容經過新增、刪除、修改後，可要求 Copilot 重新整理文件架構。

6. 圖片生成：
   透過 Designer 為投影片提供適當圖片。

Section 4.2 使用 Copilot 生成簡報

Copilot 最大的效益在於「無中生有」，也就是內容「生成」，使用者只需要有「主題」，有大約的「概念」，即可瞬間產生一份類似「專業」簡報，我們直接以範例進行說明：

範例 01 只有主題

▶ 點選 Copilot 快捷鈕→建立關於以下內容的簡報
輸入提示詞：ESG 推廣計畫，如下圖：

▶ 點選：執行鈕，產生文件大綱如下圖：

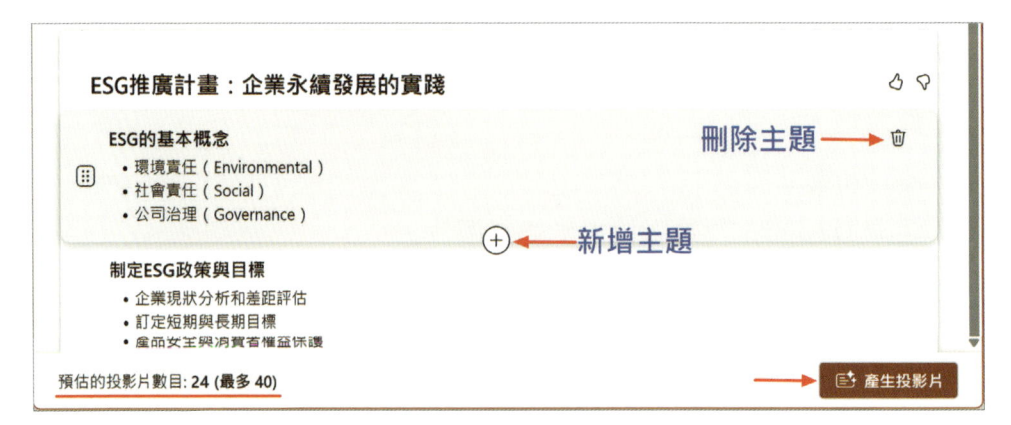

Copilot 在 PowerPoint 的應用

> **說明**
> 每一個項目右側都有一個：刪除主題鈕。
> 每一個項目之間都有一個：新增主題鈕。
> 透過這 2 個按鈕，使用者可自行增減主題內容。
> 視窗最下方顯示預估投影片數目。

▶ 點選：產生投影片鈕，產生簡報如下圖：

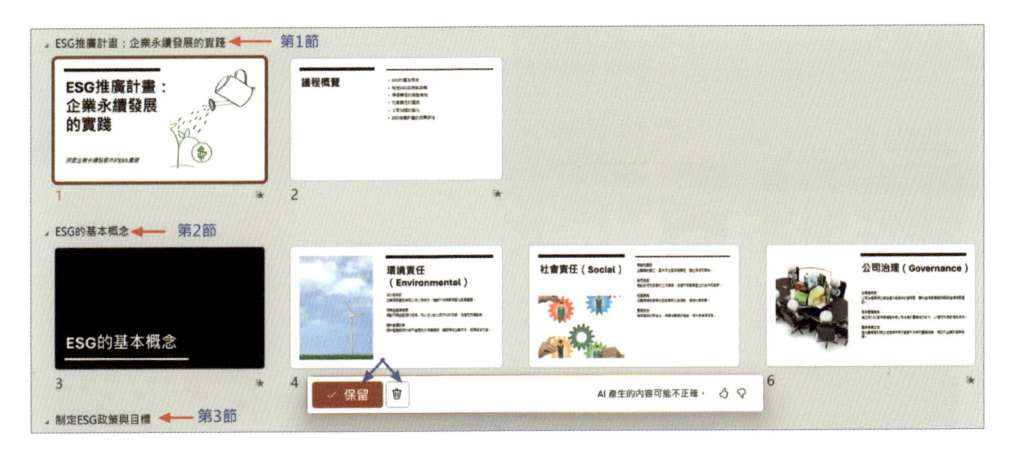

> **說明**
> 系統將視窗切換至「瀏覽」模式，我們可以看到簡報的完整架構。
> 若覺得內容 OK，便點選「保留」鈕，否則點選：刪除鈕，重新來過。

範例 02　主題 + 項目 + 投影片數目

▶ 點選 Copilot 快捷鈕→建立關於以下內容的簡報,輸入提示詞如下圖:

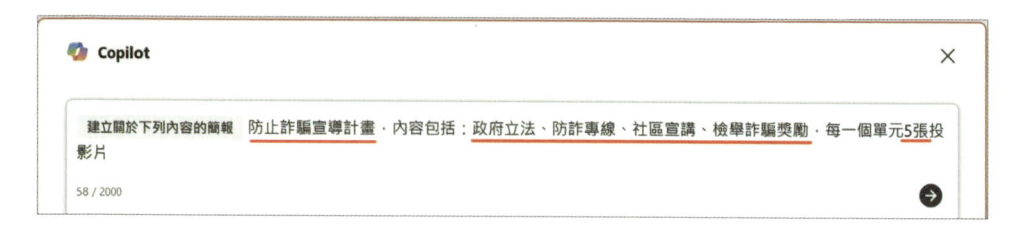

> Copilot
>
> 建立關於下列內容的簡報,防止詐騙宣導計畫,內容包括:政府立法、防詐專線、社區宣講、檢舉詐騙獎勵,每一個單元5張投影片
>
> 58 / 2000

▶ 點選:執行鈕,點選:產生投影片鈕,產生簡報如下圖:

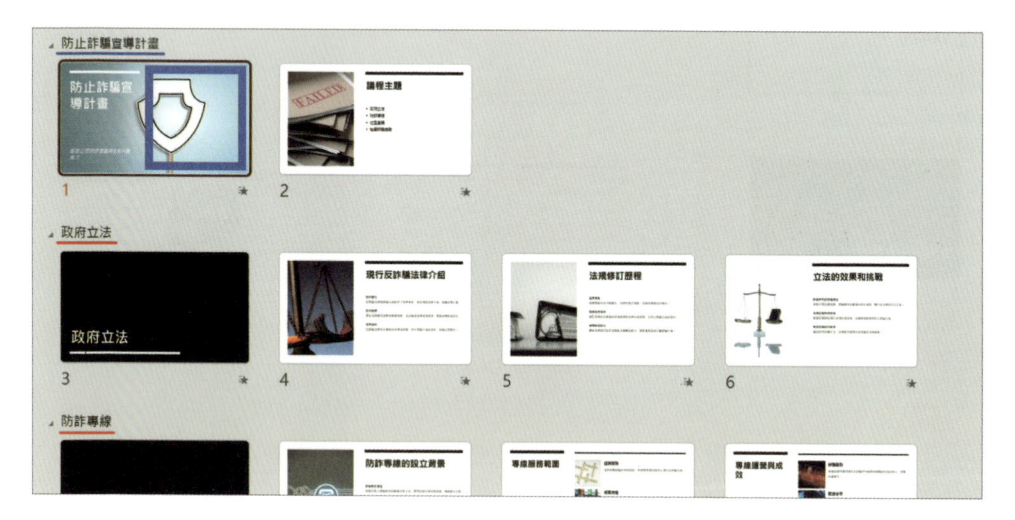

132

Copilot 在 PowerPoint 的應用　**4**

範例 03　改變簡報內容

▶ 常用→ Copilot

💬 提示詞　請增加金融機構防詐內容

Copilot 產生投影片如下圖：

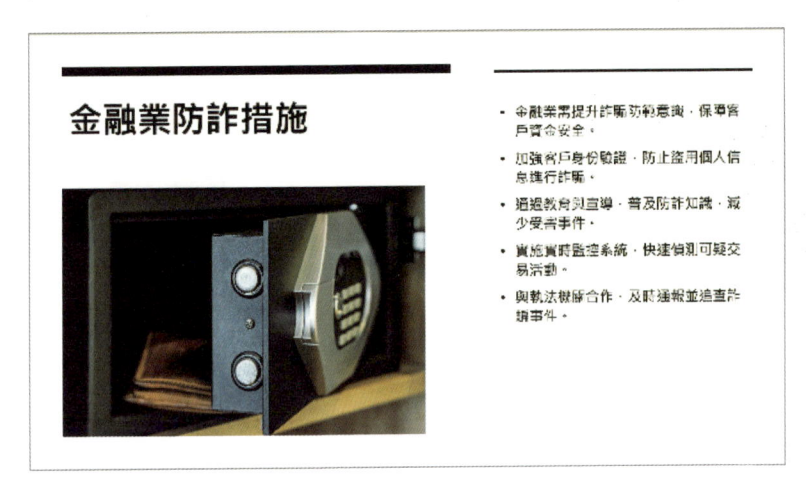

投影片被 Copilot 插入適當的章節位置，如下圖：

133

Microsoft 365 Copilot
Copilot × Office 完整應用術

範例 04 改變投影片美觀

▶ 常用→設計工具（Copilot 窗格改變為「設計工具」窗格）
　點選：橘色文字方塊的版面配置，如下圖：

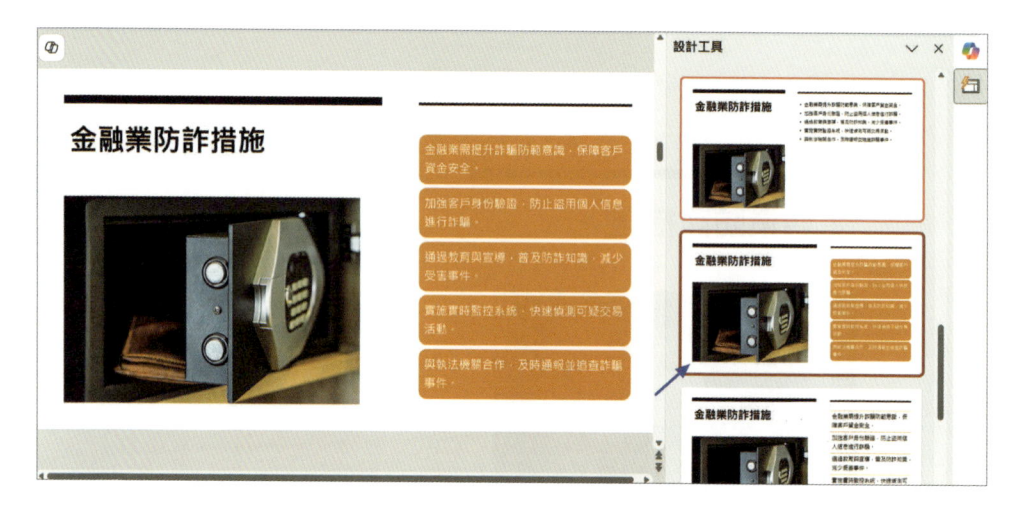

▶ 刪除投影片內的圖片

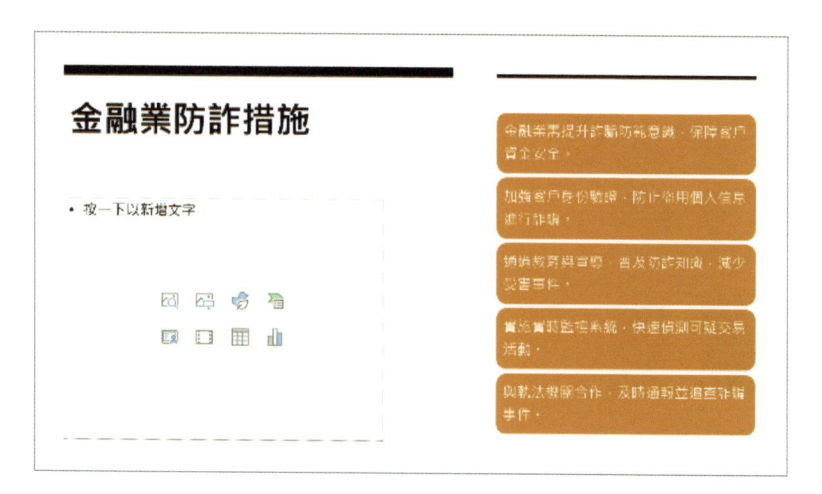

Copilot 在 PowerPoint 的應用

▶ 常用→ Copilot

提示詞 請生成圖片，銀行前站著一個騙子

▶ Copilot 窗格內出現 Designer 窗格（4 張圖片）

點選：左上角圖片，點選：插入鈕，結果如下圖：

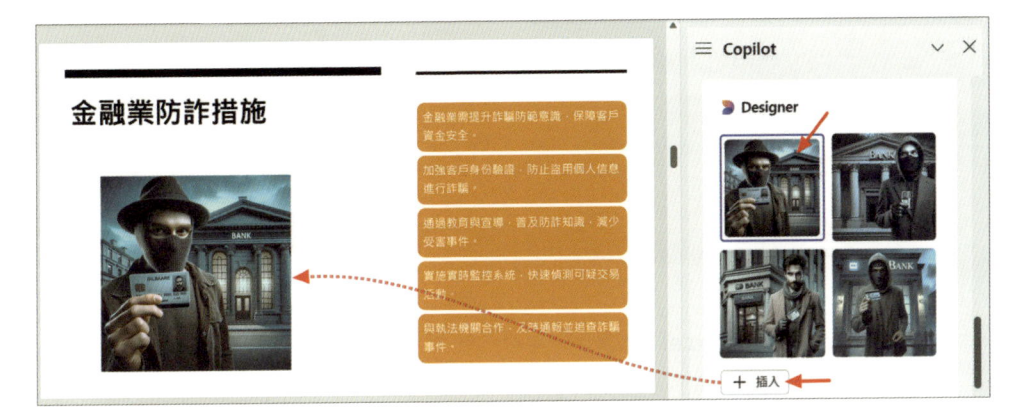

Section 4.3 根據 Word 文件內容生成簡報

筆者目前開發的教材「Copilot 在 Excel 的應用」，Word 文件已撰寫完成，現在要為研習準備簡報檔，以傳統方式製作會耗費大量時間，我們就來試試 Copilot 的威力，直接將 Word 文件轉換為簡報檔。

文件架構

請先參考下圖：

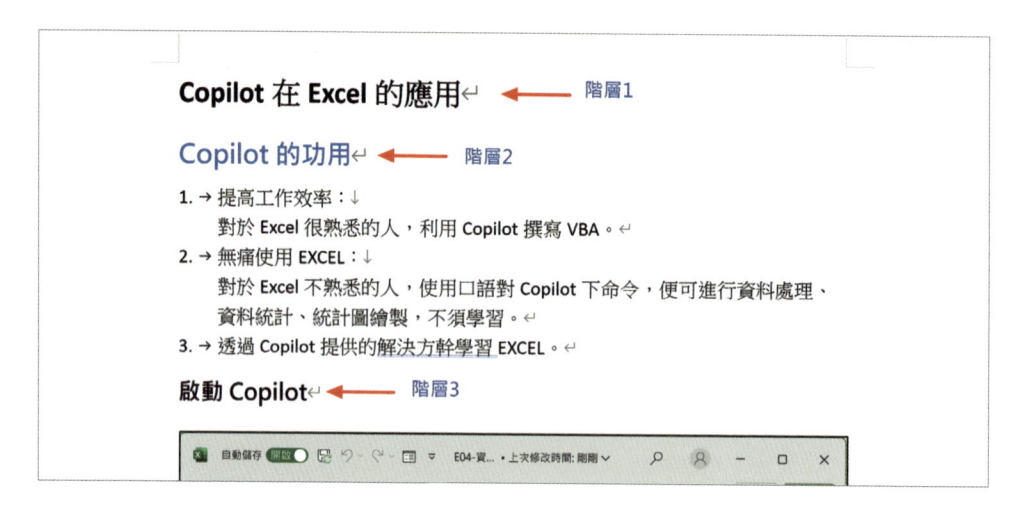

多數人使用 Word 就只是：打字、格式設定（大小、顏色）、插圖，若要讓 Office 變聰明，幫你達成高度自動化，首先必須具備「階層」的概念。在上圖文件內容中，定義了 3 個階層，請特別注意！階層並不是「字型大小」與「顏色」的變化，請點選：檢視→功能窗格，視窗左側出現導覽窗格，如下圖：

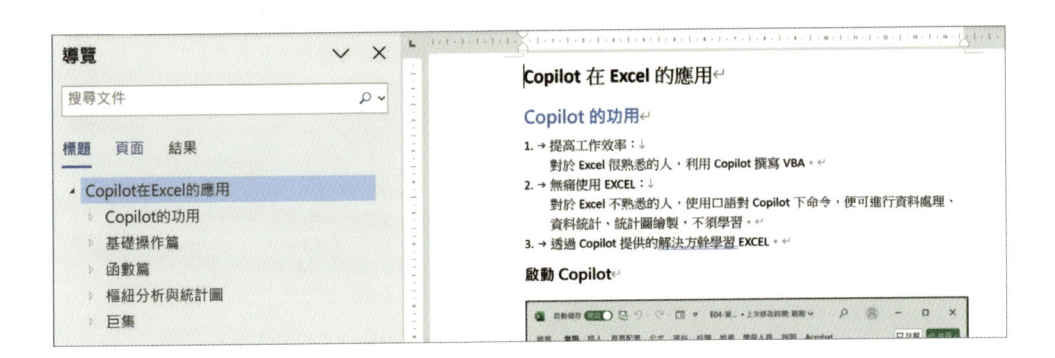

Copilot 在 PowerPoint 的應用 **4**

上圖導覽窗格所看的便是文件的第 1 階、第 2 階項目,這樣的文件才能讓 Office 幫你自動將 Word 文件正確的轉換為 PowerPoint 簡報。

> 說明
> 有關文件階層設定的教學影片在 YouTube 上便可輕易取得,輸入關鍵字「Word 目錄」即可。

分享

Office 對於系統內的資料交換提供一個十分便利的按鈕:共用鈕,放置在每一個應用軟體視窗的右上角,請參考下圖:

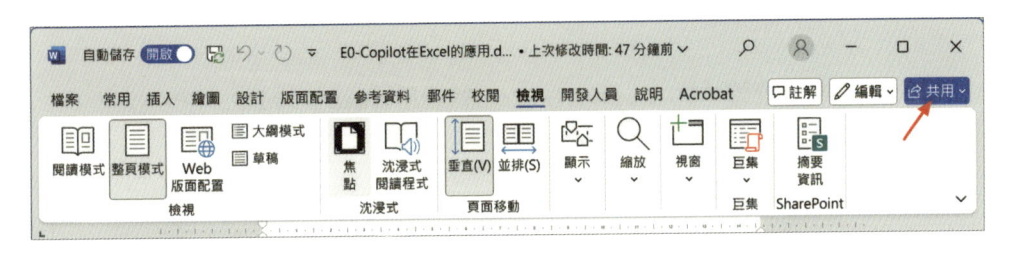

137

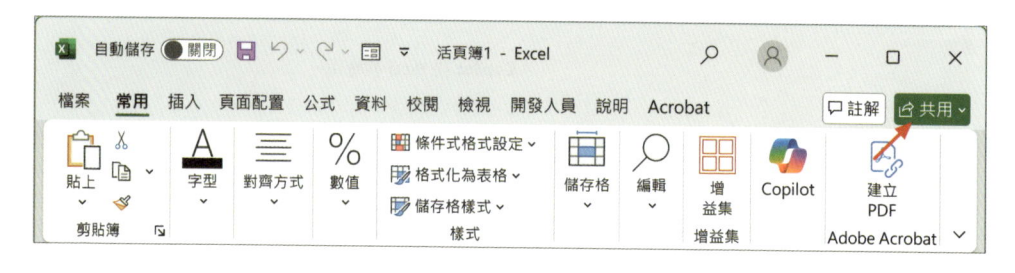

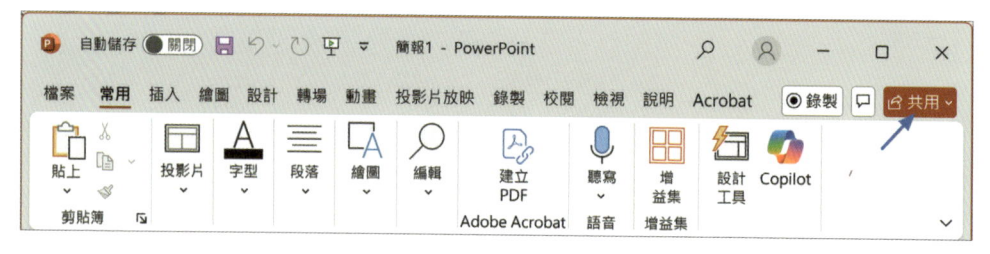

在 PowerPoint 匯入 Word 文件

1. 開啟範例檔案：
   E0-Copilot 在 Excel 的應用 .docx

2. 點選視窗右方的「共用」鈕
   選取：複製連結
   點選：複製紐

> 說明
> 必須點選對話方塊右上方的 X（關閉視窗），才能關閉對話方塊。

Copilot 在 PowerPoint 的應用　4

3. 開啟 PowerPoint
4. 點選：Copilot 鈕
   點選：建立

5. 在 Copilot 的提示詞方塊內，按 CTRL + V（貼上），如下圖：

- 產生簡報大綱如下圖：

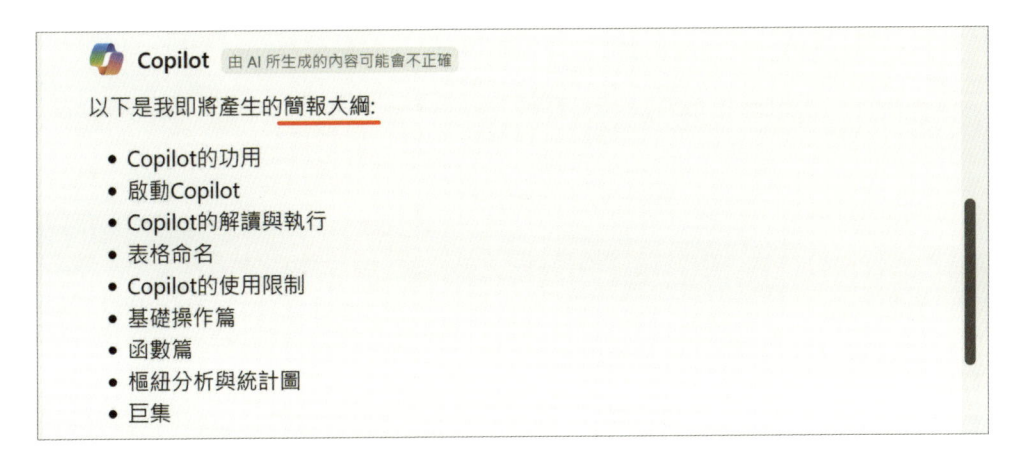

139

- 產生投影片如下圖：

- 切換到瀏覽模式，可看到所有投影片，如下圖：

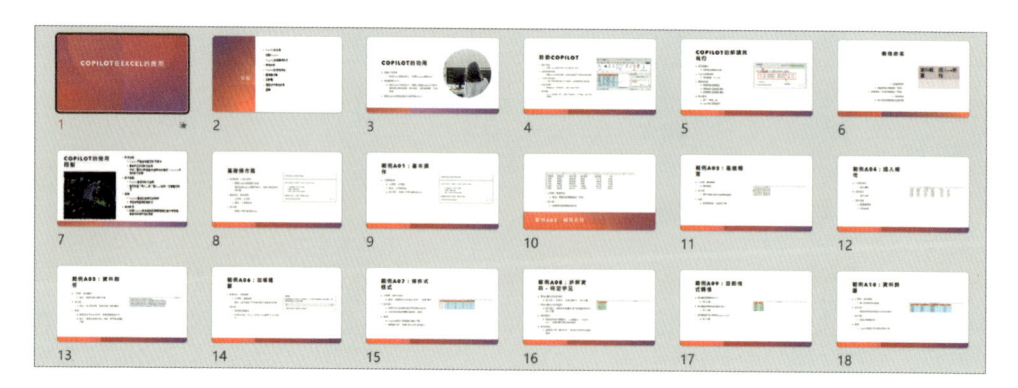

- 調整投影片下方的備忘稿區域高度,即可看到由 Word 文件內容擷取的備忘稿,如下圖:

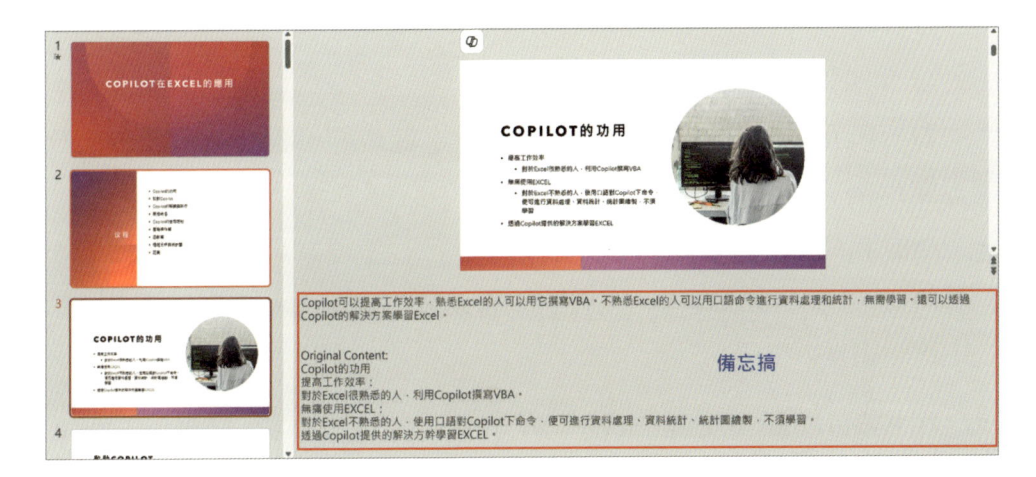

到了這裡,Copilot 已經幫你把耗費時間的笨工作都完成了,使用者只需針對投影片的美化進行調整、設定。

Section 4.4 由網頁產生內容

對於所有職棒粉絲而言,「大谷翔平」就是神,我想為他製作一份個人簡報。

1. 開啟 Edge 瀏覽器

   搜尋:「大谷翔平官網」,找到大谷翔平的維基百科網頁

   複製網址

2. 在 PowerPoint 的 Copilot 提示詞方塊內按 CTRL +V,結果如下圖:

   > https://zh.wikipedia.org/zh-tw/%E5%A4%A7%E8%B0%B7%E7%BF%94%E5%B9%B3
   >
   > **Copilot** 由 AI 所生成的內容可能會不正確
   >
   > 我只能轉換您個人 OneDrive 中的檔案。請將檔案上傳到您的個人 OneDrive,然後使用上傳檔案的連結再試一次。

   > 說明
   >
   > Copilot 只能處理 OneDrive 上的檔案超連結,不提供一般網址的轉檔服務。

Copilot 在 PowerPoint 的應用 **4**

3. 開啟 Edge 瀏覽器的 Copilot，貼上大谷翔平網址

   輸入提示詞：請整理出重點，結果如下圖：

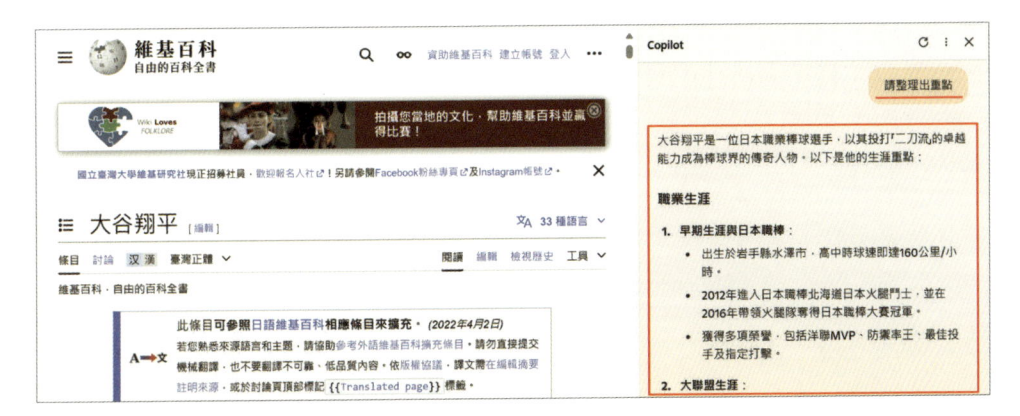

   ![Edge Copilot 整理大谷翔平重點畫面]

4. 輸入提示詞：請產生一份簡報

   結果如下圖：

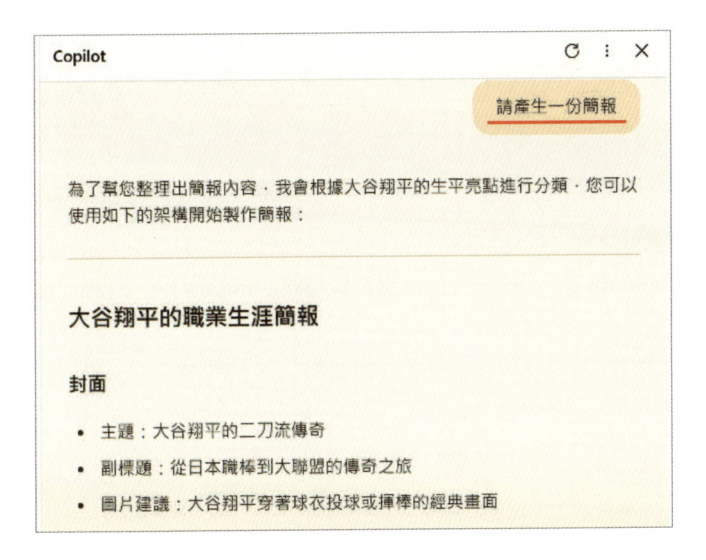

   ![Copilot 產生簡報架構畫面]

> **說明**
> Edge 瀏覽器的 Copilot 只為網頁內容生成文字大綱，指示使用者將內容轉移至 PowerPoint，再使用 PowerPoint 的 Copilot 產生投影片。

143

5. 複製 Copilot 產生的大綱內容
6. 切換到 PowerPoint

    點選：投影片左上方的 Copilot 鈕
    選取：建立關於以下內容的簡報

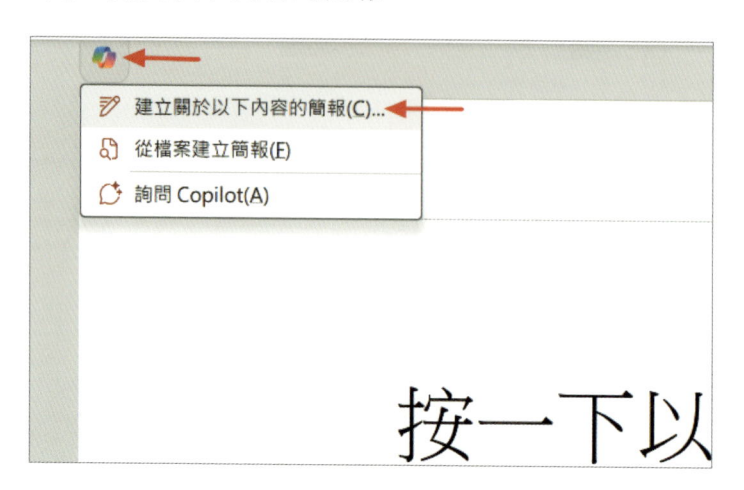

7. 在提示詞方塊內按 CTRL + V（貼上），點選：執行鈕，如下圖：

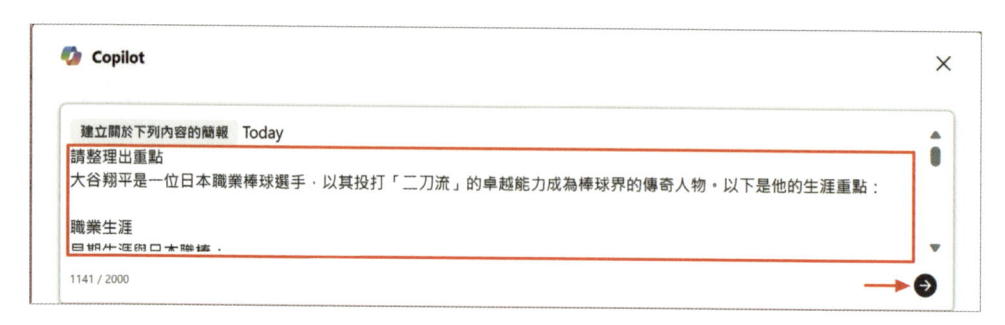

Copilot 在 PowerPoint 的應用

8. 等候數秒鐘…，產生投影片大綱如下圖，點選：產生投影片鈕

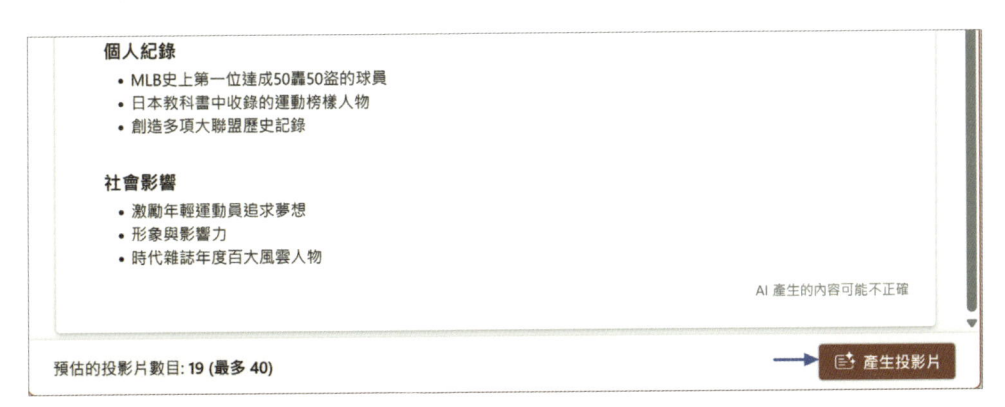

個人紀錄
- MLB史上第一位達成50轟50盜的球員
- 日本教科書中收錄的運動榜樣人物
- 創造多項大聯盟歷史記錄

社會影響
- 激勵年輕運動員追求夢想
- 形象與影響力
- 時代雜誌年度百大風雲人物

AI 產生的內容可能不正確

預估的投影片數目: 19 (最多 40)　　→　產生投影片

- 產生投影片如圖：

- 切換到瀏覽模式
  完整投影片如右圖：

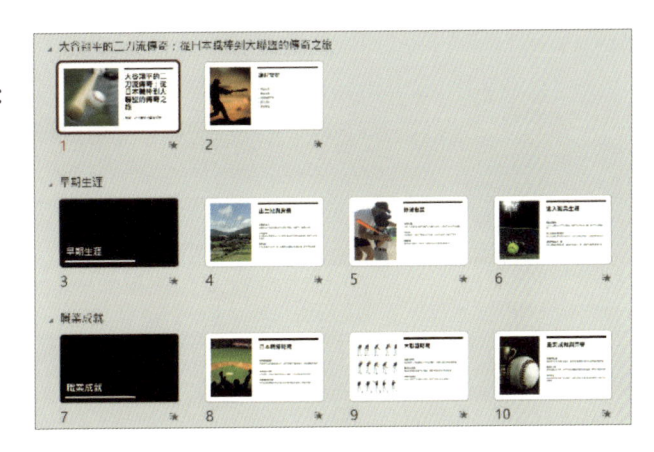

145

產生講稿

投影片上的文字應該是精簡的，只是用來聚焦目前的論點，若將講稿內容全部 Key 在投影片上，那演講就變成了讀書會，PowerPoint 怕演講者忘詞，很貼心的提供一個提詞機功能，那就是「備忘稿」，透過 Copilot 每一張投影片的備忘稿也可以自動產生。

> **提示詞** 產生講稿

- 投影片下方備忘稿區，生成內容如下圖：

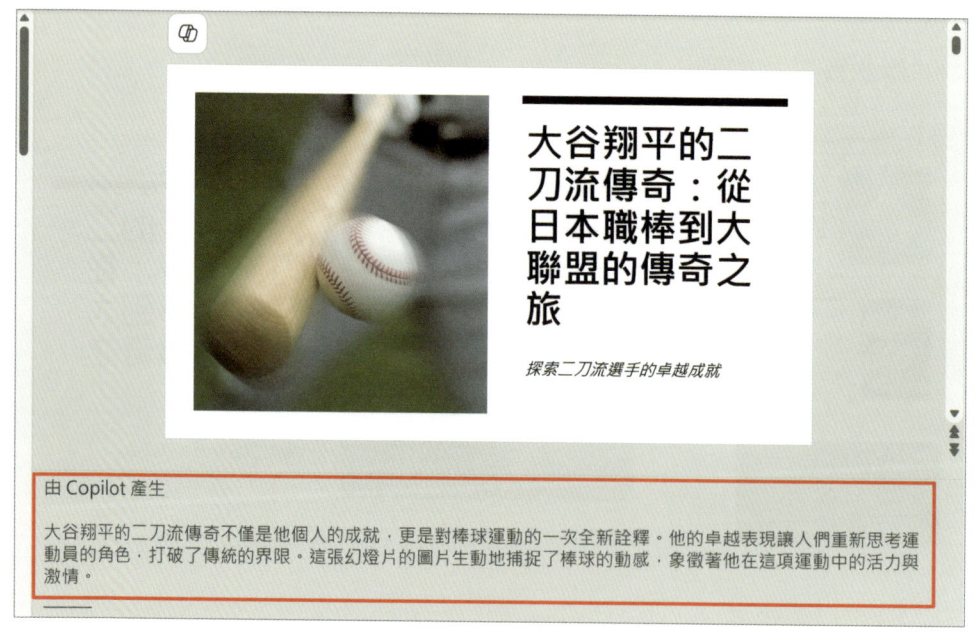

由 Copilot 產生

大谷翔平的二刀流傳奇不僅是他個人的成就，更是對棒球運動的一次全新詮釋。他的卓越表現讓人們重新思考運動員的角色，打破了傳統的界限。這張幻燈片的圖片生動地捕捉了棒球的動感，象徵著他在這項運動中的活力與激情。

> **說明** 投影片中每一張投影片都會生成備忘稿。

Copilot 在 PowerPoint 的應用 **4**

產生常見提問問題

演講的最後一個環節通常是「聽眾提問 FAQ」，Copilot 也可以貼心為你準備，讓你事前演練。

> 提示詞　產生聽眾常見提問問題

- 產生結果如下圖：

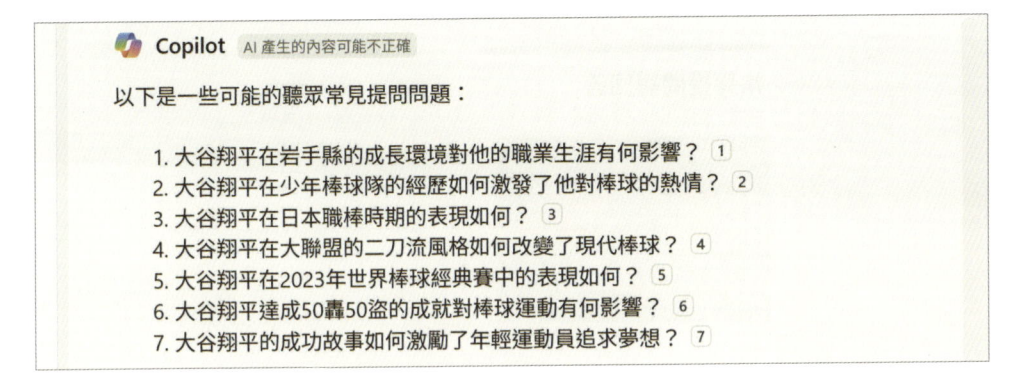

> **Copilot** AI 產生的內容可能不正確
>
> 以下是一些可能的聽眾常見提問問題：
>
> 1. 大谷翔平在岩手縣的成長環境對他的職業生涯有何影響？ [1]
> 2. 大谷翔平在少年棒球隊的經歷如何激發了他對棒球的熱情？ [2]
> 3. 大谷翔平在日本職棒時期的表現如何？ [3]
> 4. 大谷翔平在大聯盟的二刀流風格如何改變了現代棒球？ [4]
> 5. 大谷翔平在2023年世界棒球經典賽中的表現如何？ [5]
> 6. 大谷翔平達成50轟50盜的成就對棒球運動有何影響？ [6]
> 7. 大谷翔平的成功故事如何激勵了年輕運動員追求夢想？ [7]

- 將投影片捲動至最後一張

> 提示詞　請根據這些問題，產生一張投影片

- 產生結果如下圖：

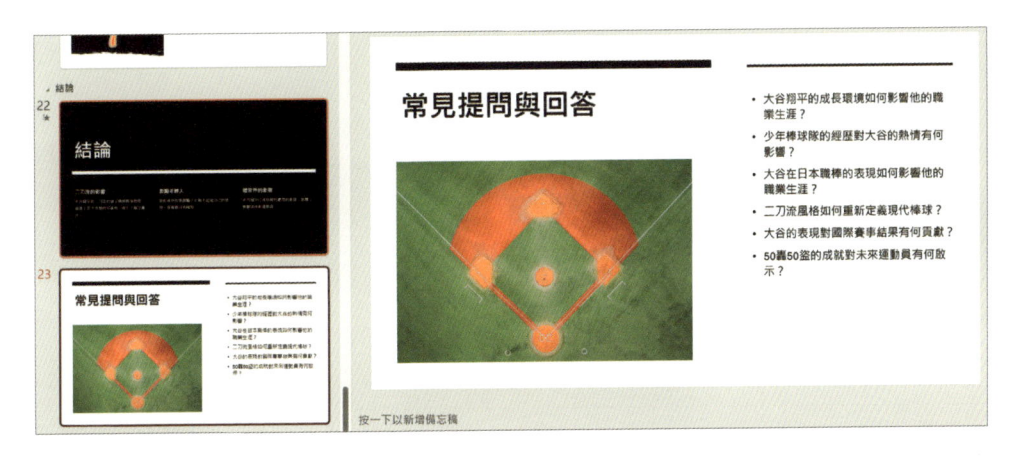

147

繼續深挖

Copilot 既然提供了「常見提問問題」，自然應該提供「回覆建議」，這才是一條龍服務。

提示詞 請提供 " 常見提問問題 " 的回覆建議

- 將結果「複製 / 貼到」投影片備忘稿區，結果如下圖：

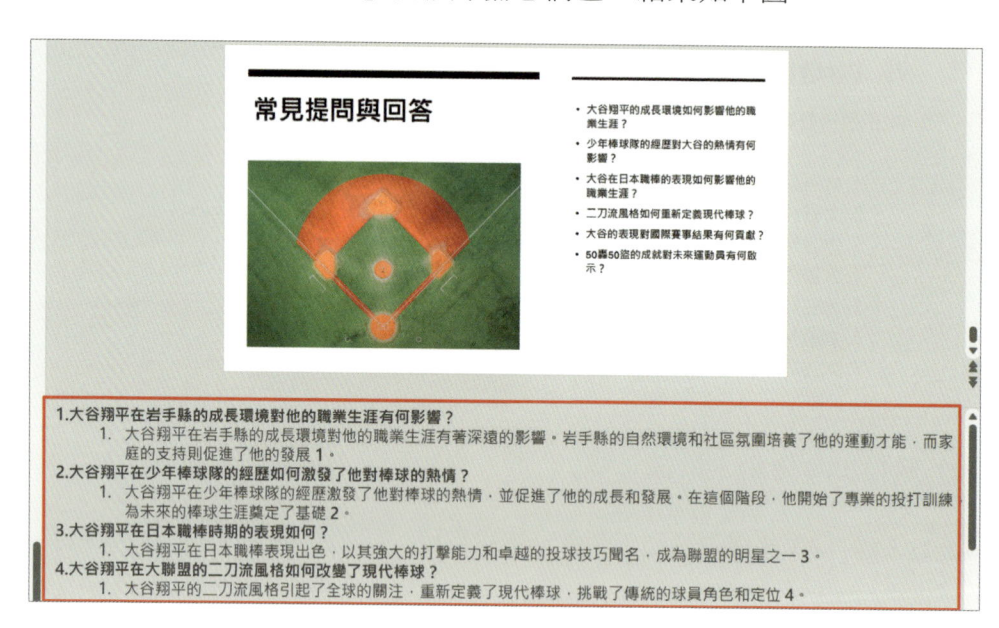

常見提問與回答

- 大谷翔平的成長環境如何影響他的職業生涯？
- 少年棒球隊的經歷對大谷的熱情有何影響？
- 大谷在日本職棒的表現如何影響他的職業生涯？
- 二刀流風格如何重新定義現代棒球？
- 大谷的表現對國際賽事結果有何貢獻？
- 50轟50盜的成就對未來運動員有何啟示？

1. 大谷翔平在岩手縣的成長環境對他的職業生涯有何影響？
    1. 大谷翔平在岩手縣的成長環境對他的職業生涯有著深遠的影響。岩手縣的自然環境和社區氛圍培養了他的運動才能，而家庭的支持則促進了他的發展 1。
2. 大谷翔平在少年棒球隊的經歷如何激發了他對棒球的熱情？
    1. 大谷翔平在少年棒球隊的經歷激發了他對棒球的熱情，並促進了他的成長和發展。在這個階段，他開始了專業的投打訓練，為未來的棒球生涯奠定了基礎 2。
3. 大谷翔平在日本職棒時期的表現如何？
    1. 大谷翔平在日本職棒表現出色，以其強大的打擊能力和卓越的投球技巧聞名，成為聯盟的明星之一 3。
4. 大谷翔平在大聯盟的二刀流風格如何改變了現代棒球？
    1. 大谷翔平的二刀流風格引起了全球的關注，重新定義現代棒球，挑戰了傳統的球員角色和定位 4。

Section
4.5 由 PDF 產生簡報

PDF 文件並非 Microsoft Office 家族的文件，因此要以 PDF 來產生投影片必須經過「轉檔」的作業。

以 Word 開啟 PDF 文件

我們有一份 PDF 文件，如下圖：

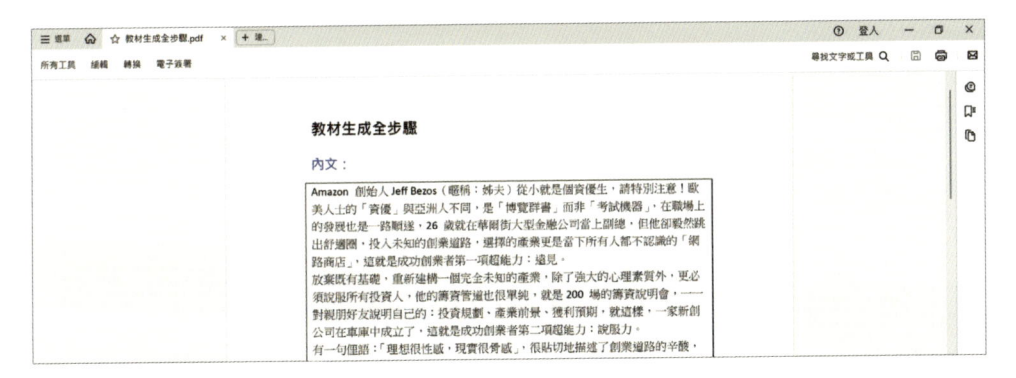

- 開啟 Word，開啟檔案：教材生成全步驟.pdf
  出現對話方塊（轉檔通知）如下圖：

149

- 點選：確定鈕

  PDF 文件在 Word 系統中開啟，如下圖：

[圖：Word 中開啟的 PDF 文件，標題為「教材生成全步驟 內文：」，內文介紹 Amazon 創始人 Jeff Bezos（暱稱：姊夫）從小就是個資優生……]

- 檔案→儲存副本，檔案名稱：教材生成全步驟 .docx
- 點選視窗右上方「共用」鈕

  點選：複製連結

  點選：複製鈕

[圖：已複製「教材生成全步驟.docx」的連結，連結為 https://1drv.ms/w/c/338fbf392527c69e/ET71aykYG6dD...]

以檔案連結生成簡報

- 開啟 PowerPoint，在 Copilot 提示詞方塊內按 CTRL +V（貼上）

[圖：從 https://1drv.ms/w/c/338fbf392527c69e/ET71aykYG6dDnoiqGrEO-ZUBi3d3dl4f3u4G5QS0NYNImg?e=bBckiE]

- 產生投影片如下圖：

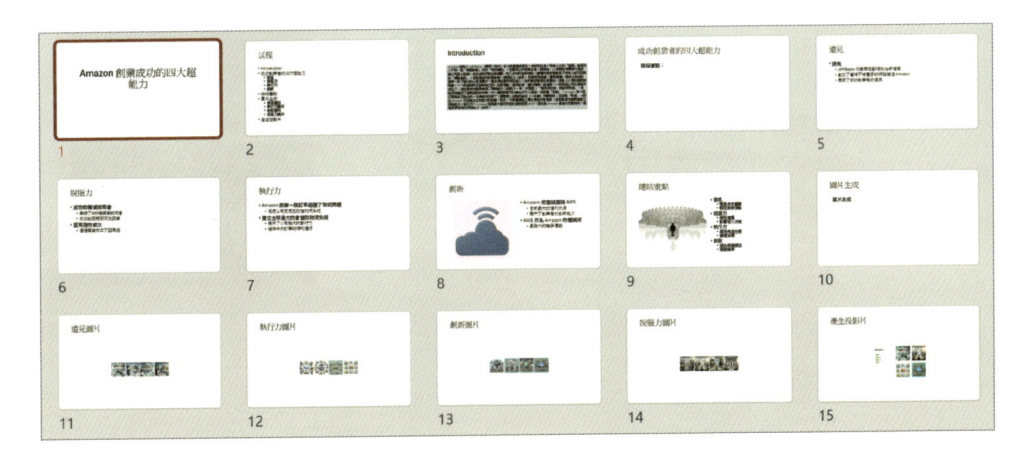

> **說明**
> PDF 檔案的文字內容居多，因此產生的投影片極度需要美工設計。

美化投影片

- 切換到「標準」模式，點選：第 1 張投影片
- 常用→設計工具，往下捲動，發現精美投影片設計
  請對比原稿與 Designer 提供的設計，如下圖：

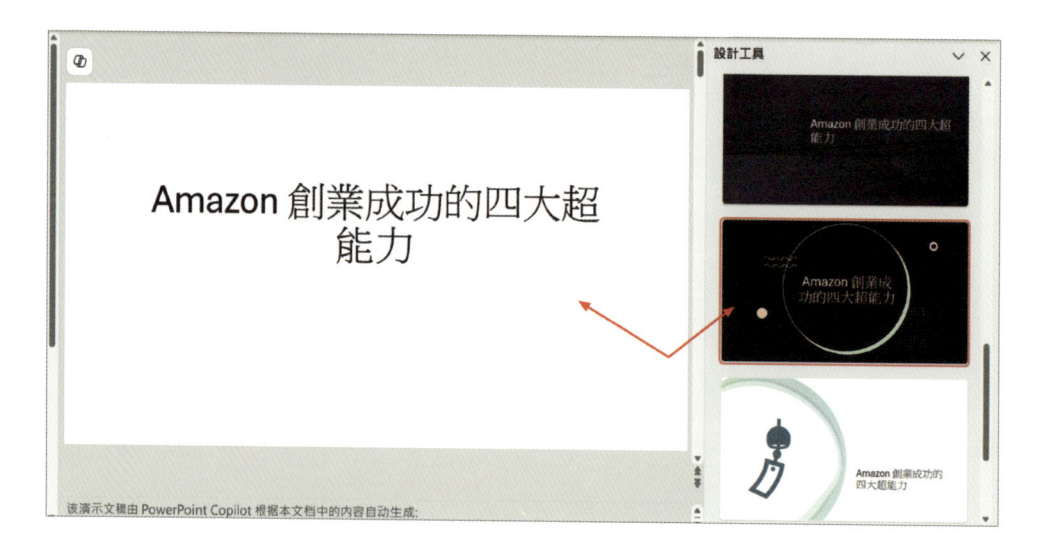

- 點選：第 2 張投影片
- 常用→設計工具，往下捲動，發現精美投影片設計
  請對比原稿與 Designer 提供的設計，如下圖：

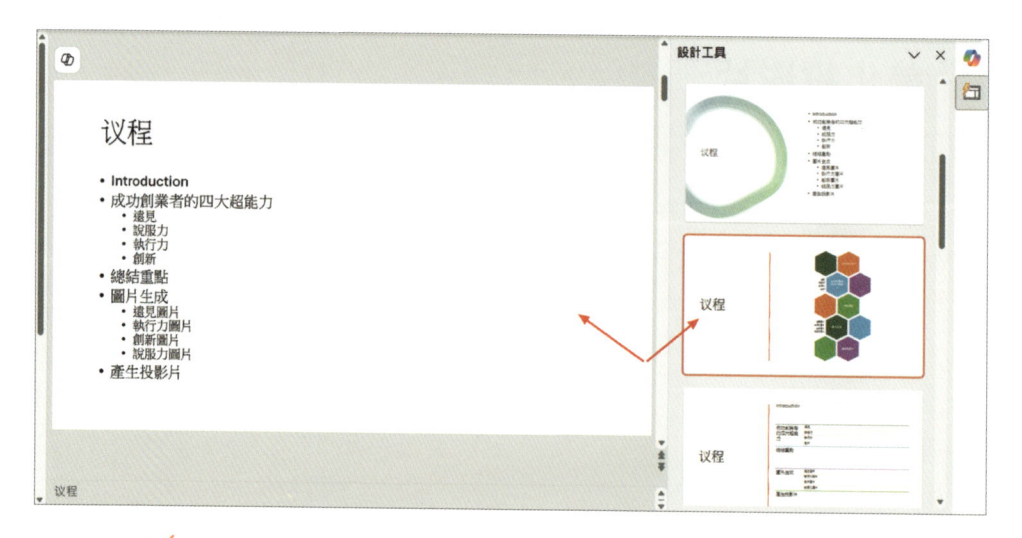

說明

第 1 張投影片套用某一個 Designer 的設計後，Designer 對於後續投影片所提供的設計，將會是一個系列的不同變化，因此不會產生違和感。

Copilot 在 PowerPoint 的應用 **4**

- 套用設計後,再次點選「設計工具」鈕
全新的設計方案系列又出現了,如下圖:

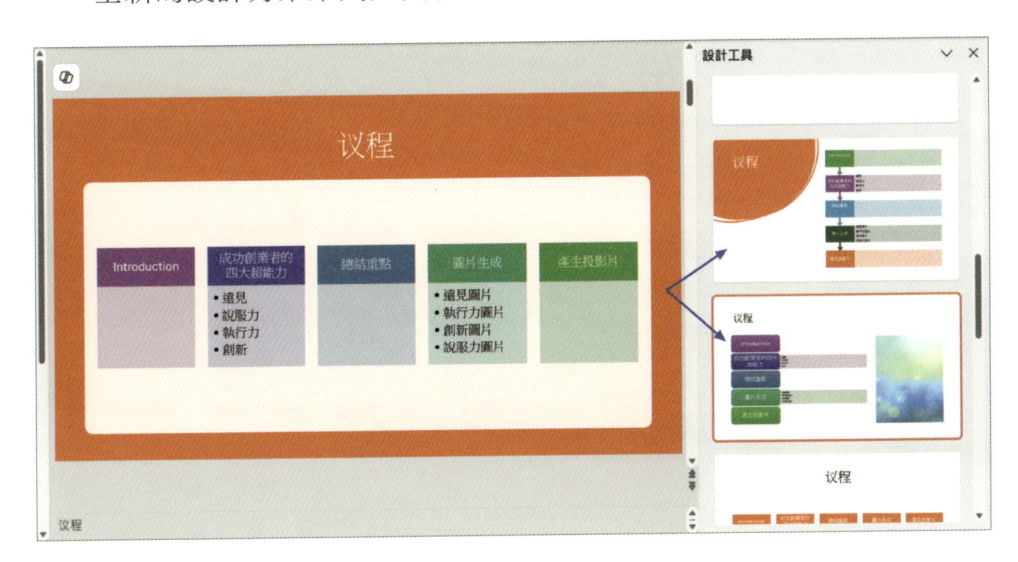

翻譯

無論是以搜尋器取得資料,或由 Copilot 生成資料,都可能產生「簡體字」,因此必須適用翻譯功能進行校正。

- 請在 Copilot 輸入提示詞,點選:翻譯鈕,如下圖:

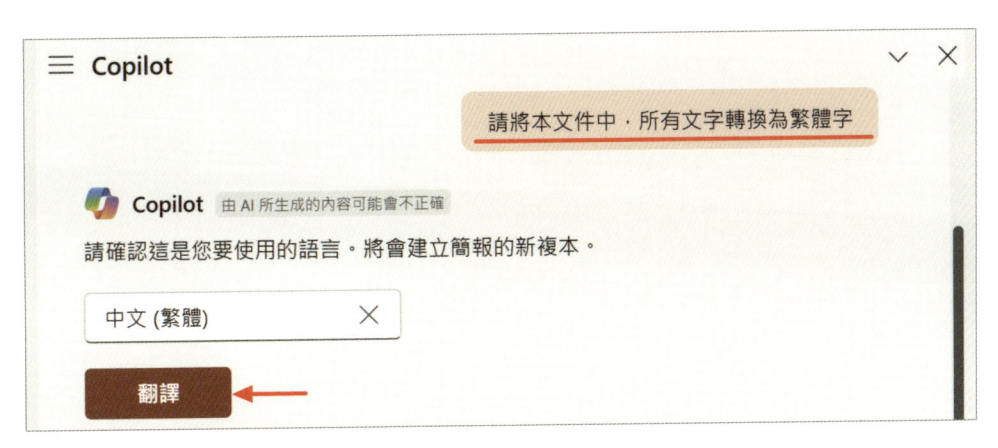

153

- Copilot 將翻譯的結果產生一份新簡報,請看下圖:

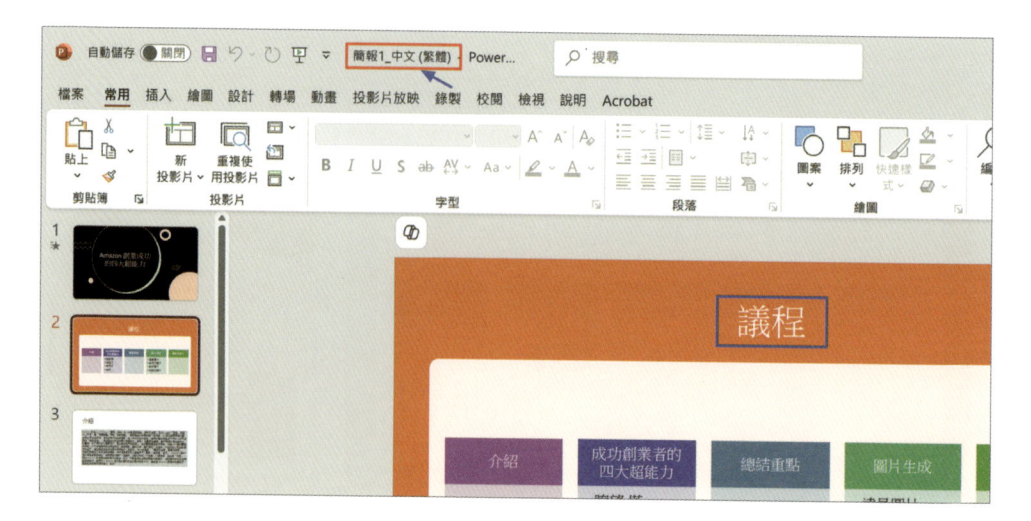

Copilot 在 PowerPoint 的應用 **4**

Section
4.6 聯合實作

本節我們要整合應用：Word、Image Creator、PowerPoint，由 Word「文字」內容擷取出「重點」，再根據「重點」生成，圖片，將圖片貼至 PowerPoint 產生投影片。

📑 Word 重點整理

1. 開啟範例檔案：P01- 什麼是大數據？.docx

> Amazon 創始人 Jeff Bezos（暱稱：姊夫）從小就是個資優生，請特別注意！歐美人士的「資優」與亞洲人不同，是「博覽群書」而非「考試機器」，在職場上的發展也是一路順遂，26 歲就在華爾街大型金融公司當上副總，但他卻毅然跳出舒適圈，投入未知的創業道路，選擇的產業更是當下所有人都不認識的「網路商店」，這就是成功創業者第一項超能力：遠見。
> 放棄既有基礎，重新建構一個完全未知的產業，除了強大的心理素質外，更必須說服所有投資人，他的籌資管道也很單純，就是 200 場的籌資說明會，一一對親朋好友說明自己的：投資規劃、產業前景、獲利預期，就這樣，一家新創

2. 常用→ Copilot

💬 提示詞　**總結出 4 個重點**

- 點選執行鈕，結果如下圖：

> 1. **遠見**：Amazon 創始人 Jeff Bezos 從小就是個資優生，他在職場上的發展一路順遂，但他毅然跳出舒適圈，投入未知的創業道路，選擇了當時所有人都不認識的「網路商店」[1]。
> 2. **說服力**：放棄既有基礎，重新建構一個完全未知的產業，Jeff Bezos 必須說服所有投資人。他通過 200 場籌資說明會，向親朋好友說明自己的投資規劃、產業前景和獲利預期[2]。
> 3. **執行力**：創業道路充滿挑戰，Amazon 的第一張訂單是自己發出的，包裹寄送花費了 2 個星期，收到的商品外觀破損。為了解決這些問題，Amazon 建立了全球最大的倉儲和物流系統[3]。
> 4. **創新**：Amazon 目前最大的獲利來自於雲端服務 AWS，這也是 Amazon 最強大的護城河[4]。

155

> 💬 提示詞　只要項目不要明細

- 點選執行鈕,結果如下圖:

好的,以下是文件《P01-什麼是大數據.docx》的四個重點項目:

1. 遠見
2. 說服力
3. 執行力
4. 創新

🗂 Image Creator 生成圖片

> 💬 提示詞　拿著望遠鏡看到雲端商城

> 💬 提示詞　籌資說明會圖片

Copilot 在 PowerPoint 的應用 **4**

> 💬 **提示詞** 包含 " 物流 "、" 倉儲 " 主題的卡通圖

> 💬 **提示詞** 包含 "AWS" 的創新卡通圖

🗗 PowerPoint 投影片

- 開啟檔案：P01-Amazon.pptx
- 輸入標題文字：AMAZON
  複製 Word 產生的 4 個重點至投影片
- 複製上一節產生生成的圖片
  每一個提示詞挑選一張（共 4 張），貼於投影片中

Microsoft 365 Copilot
Copilot × Office 完整應用術

- 完成投影片如下圖：

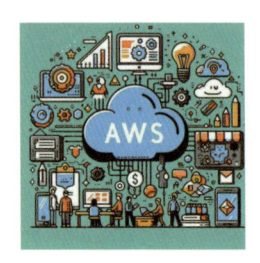

- 複製 Word 產生的 4 個重點含明細，貼至「備忘搞」，完成如下圖：

1. 遠見：Jeff Bezos 從華爾街副總跳出舒適圈，創立了當時不被看好的網路商店 Amazon，展現了成功創業者的遠見1。
2. 說服力：他通過 200 場籌資說明會，成功說服親朋好友投資，成立了 Amazon，顯示了他的說服力 2。
1. 執行力：Amazon 的第一張訂單經歷了物流問題，促使他們建立全球最大的倉儲和物流系統，展現了執行力 3。
2. 創新：Amazon 目前最大的獲利來自於雲端服務 AWS，這是他們最強大的護城河，顯示了創業者的創新能力 4。

5 Copilot 的完整拼圖

除了 Office 正規部隊外，Copilot 也被應用在以下的小套件中：Edge、Note、Forms，對於辦公室自動化整合提供完整的拼圖。

Section 5.1 瀏覽器 Edge

Edge 是 Microsoft 開發的瀏覽器，傳統的瀏覽器所提供的是強大的「搜尋」功能，因此搜尋的結果是一大串⋯（數十頁、數百頁的超連結），使用者必須一一自行點閱後獲取需要的資料，而具有 AI 功能的瀏覽器產生的結果是經過整合的資訊，可以直接使用，若使用者需要驗證資料的正確性，再去點閱連結的參考資料即可。

除了資料搜尋、整合外，外國網站資料的翻譯也是瀏覽器提供的重要功能。

搜尋功能

- 在 Edge 瀏覽器中輸入：「ohtani」
  跑出一籮筐的網頁資料如下圖：

- 在 Edge 瀏覽器中輸入：「ohtani dodger news」
  跑出：「大谷翔平 道奇隊 新聞」的一手資訊，如下圖：

Copilot 的完整拼圖 **5**

- 請點選第 1 個超連結，結果：如下圖：

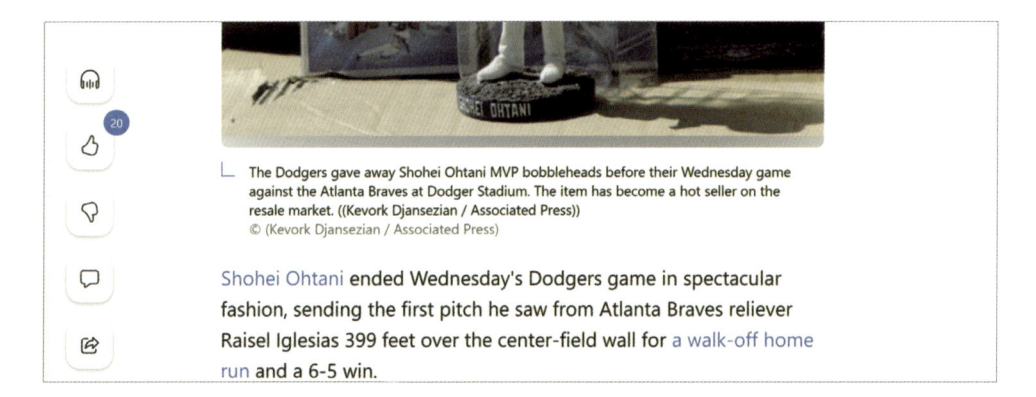

> The Dodgers gave away Shohei Ohtani MVP bobbleheads before their Wednesday game against the Atlanta Braves at Dodger Stadium. The item has become a hot seller on the resale market. ((Kevork Djansezian / Associated Press))
> © (Kevork Djansezian / Associated Press)
>
> Shohei Ohtani ended Wednesday's Dodgers game in spectacular fashion, sending the first pitch he saw from Atlanta Braves reliever Raisel Iglesias 399 feet over the center-field wall for a walk-off home run and a 6-5 win.

翻譯功能

- 開啟 Copilot 對話方塊：

提示詞　請翻譯為繁體中文

產生結果如下：

> 大谷翔平是一位傑出的日本棒球選手，因為他同時擔任投手和指定打擊的出色能力而廣受讚譽——是真正的「雙刀流」選手。他目前效力於洛杉磯道奇隊，並且已獲得許多榮譽，包括多次 MVP 獎項以及世界大賽冠軍。他的職業生涯以打破紀錄以及重新定義棒球中多面手的意義而聞名。
>
> 大谷的旅程開始於日本的北海道日本火腿鬥士隊，隨後轉戰大聯盟，加盟洛杉磯天使隊，最後到道奇隊。他的綽號「Shotime」反映了他以非凡技能吸引觀眾的能力。

生成式 AI 功能

> 💬 提示詞　請為我整理大谷翔平的重要記事

產生結果如下：

1. **雙刀流選手**：大谷翔平以投手和打者的雙重身份聞名，是現代棒球中少見的「雙刀流」選手。
2. **日本職棒時期**：他在日本的北海道日本火腿鬥士隊開始職業生涯，展現出色的投打能力。
3. **進軍大聯盟**：2018年加入洛杉磯天使隊，並迅速成為大聯盟的焦點。
4. **MVP榮譽**：多次獲得美國職棒大聯盟的最有價值球員（MVP）獎項，證明了他的卓越表現。
5. **世界大賽冠軍**：目前效力於洛杉磯道奇隊，並帶領球隊贏得世界大賽冠軍。
6. **打破紀錄**：他多次打破棒球歷史上的多項紀錄，包括單季全壘打數和投球速度等。
7. **全球影響力**：大谷的表現不僅在棒球界引起轟動，也成為全球體育界的偶像。

> 💬 提示詞　請根據 WSJ 的報導，給我一份川普關稅對全球經濟的影響

產生結果如下：

1. **全球市場動盪**：川普的關稅政策引發了全球市場的劇烈波動，尤其是對中國商品加徵高額關稅，導致金融市場拋售加劇 1 2
   突發新聞，商業，經濟，金融，財經，國際新聞，多媒體，視頻
   華爾街日報中文版_WSJ_The ...。
2. **貿易壓力加劇**：高額關稅使得全球貿易壓力進一步加重，許多國家不得不重新考慮其供應鏈和出口策略 1 2 突發新聞，商業，經濟，金融，財經，國際新聞，多媒體，視頻
   華爾街日報中文版_WSJ_The ...。
3. **物價上漲與經濟增長放緩**：關稅政策導致商品價格上漲，並對全球經濟增長率構成拖累 3
   華爾街日報中文網華爾街日報中文版_WSJ_The Wall Street Journal。
4. **供應鏈重組**：許多企業開始重新配置供應鏈，以減少關稅帶來的影響 3 華爾街日報中文網華爾街日報中文版_WSJ_The Wall Street Journal。

> 📣 說明　WSJ：華爾街日報。

> 提示詞　請生成 2025 年 4 月份月曆

產生結果如下：

以下是2025年4月的月曆：

星期日	星期一	星期二	星期三	星期四	星期五	星期六
	1	2	3	4	5	6
7	8	9	10	11	12	13
14	15	16	17	18	19	20
21	22	23	24	25	26	27
28	29	30				

- 拖曳選取月曆資料，按複製鈕：

以下是2025年4月的月曆：

星期日	星期一	星期二	星期三	星期四	星期五	星期六
	1	2	3	4	5	6
7	8	9	10	11	12	13
14	15	16	17	18	19	20
21	22	23	24	25	26	27
28	29	30				

- 在 Excel 試算表中貼上資料，便是一份表格資料，如下圖：

	A	B	C	D	E	F	G
1	以下是2025年4月的月曆：						
2							
3	星期日	星期一	星期二	星期三	星期四	星期五	星期六
4		1	2	3	4	5	6
5	7	8	9	10	11	12	13
6	14	15	16	17	18	19	20
7	21	22	23	24	25	26	27
8	28	29	30				

> 說明
> 在 Word、Excel、PowerPoint 軟體中，Copilot 無法自動生成此月曆表格。

提示詞 請產生淨灘活動圖片

產生結果如下：

← 下載鈕

> 說明
> 取得圖片的 2 個方法：
> - 在圖片上按右鍵→複製圖片。
> - 點選圖片右側的下載鈕。

圖片解說

對多數人而言藝術就如同玄學一般，難以被理解與接受，然而 Copilot 卻提供圖片背景資訊的提供與解說，拉近升斗小民與畫作的距離。

- 在 Edge 瀏覽器上搜尋 "畫家洪通"，選取其中一幅畫，如下圖：

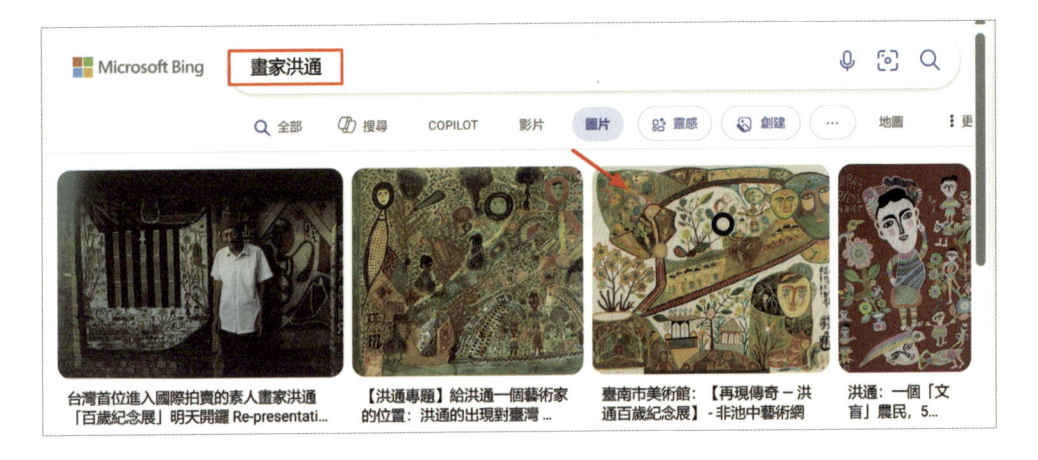

- 開啟 Edge 的 Copilot 窗格

提示詞 請描述圖片的意境

產生結果如下：

- 在 Edge 瀏覽器上搜尋 "清明上河圖"，選取其中一幅畫

> 💬 提示詞　請描述圖片的意境

產生結果如下：

這張圖片是《清明上河圖》，北宋畫家張擇端的經典作品，描繪了北宋汴京（今開封）繁華的市井生活。畫面展現了清明節前後的熱鬧場景，融合了城市建築、商樂活動、交通運輸與人物互動，呈現出一幅生動的社會風貌。

意境解析

這幅畫的意境充滿生活氣息與時代氛圍：

- **繁華與熱鬧**：畫面中有眾多商鋪、行人、船隻與馬車，展現了北宋時期經濟繁榮與社會活力。
- **細膩與真實**：畫家以精細的筆觸描繪市井百態，從橋上的人群到河中的船隻，每個細節都充滿故事性。
- **流動與生機**：畫面呈現出動態感，人物的行走、船隻的航行、馬匹的奔跑，使整幅畫充滿生命力。
- **時代與文化**：畫作不僅是藝術作品，更是北宋社會的縮影，反映了當時的城市規劃、商業模式與人們的生活方式。

Section

5.2　Forms 表單

啟動表單功能：

- 點選：Microsoft Copilot 圖示
  （桌面下方工作列的）

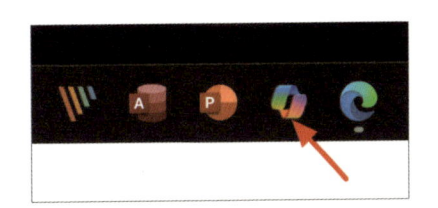

- 下圖的「表單」、「測驗」2 個項目都是表單功能：

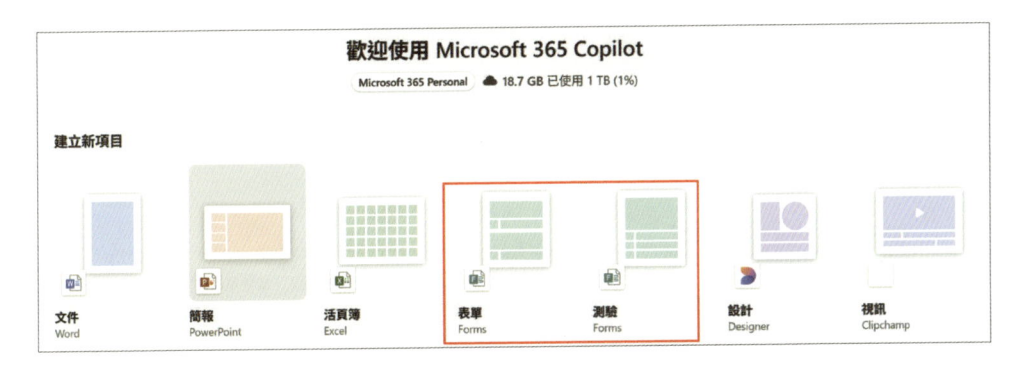

「表單」與「測驗」都提供 2 種作業方式：

1. 範本：系統以對話方塊一步一步導引使用者建置表單。
2. 提示詞：由使用者提出主題、內容、指引，請求 Copilot 協助生成表單。

「表單」與「測驗」的工作原理相同，作業流程一致，唯一的差別就是「測驗」多了：答案、解說、評分。

測驗

本單元我們將採用「提示詞」模式，提供文字內容，請 Copilot 根據內容生成選擇題。

- 點選：測驗

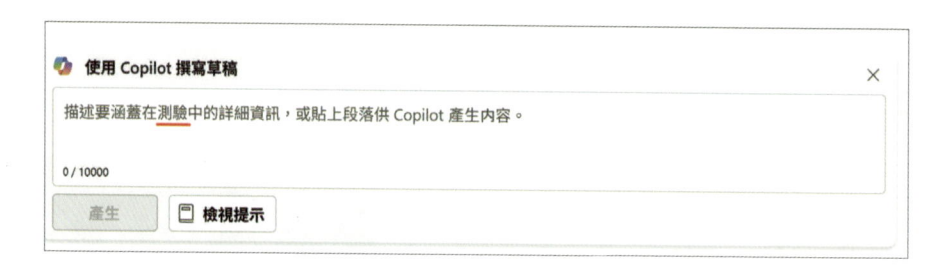

- 啟動 Word 文書編輯
  開啟範例檔案：W09-AI 在餐飲產業的應用 .docx，複製所有內容

- 切換回到【測驗】提示詞：
  輸入：請根據以下內容，產生 5 個選擇題
  按 CTRL + V（貼上），結果如下圖：

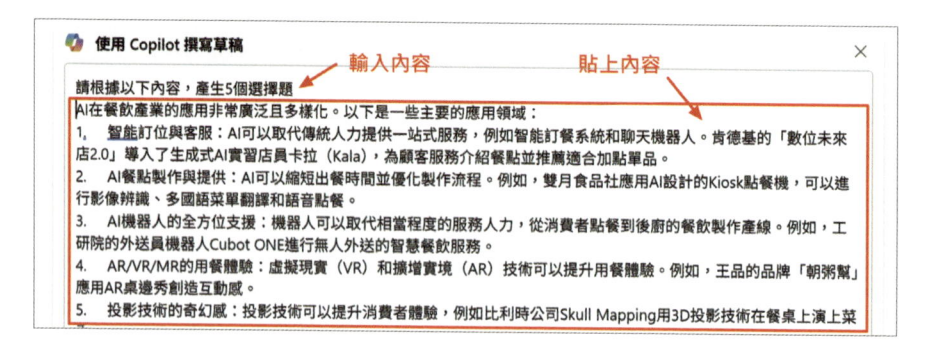

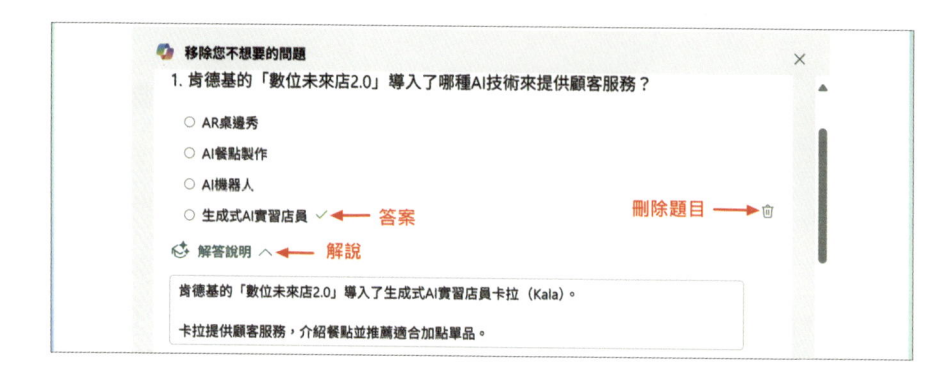

- 點選：產生鈕，結果如下圖：

Copilot 的完整拼圖　5

> **說明**
> 完成的題目是 4 選 1 架構，整個題目中包含：問題、選項、答案、解說。
> 題目無法進行編輯，但可以刪除。

- 將畫面捲動至最下方：

> **說明**
> 保留鈕：此份考題被命名存檔，垃圾桶：放棄此份考題。

- 點選：保留鈕後，結果如下圖：

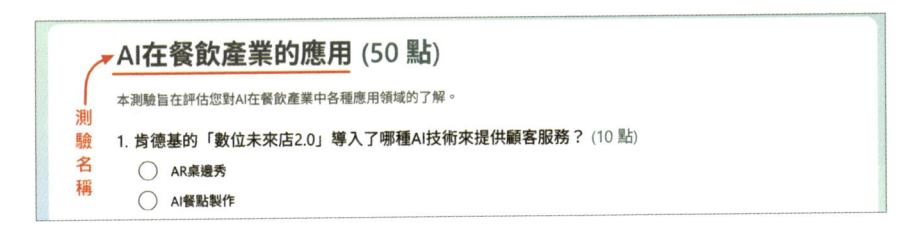

- 再次將畫面捲動至最下方，點選新增問題，結果如下圖：

> **說明**
> 在此單元使用者可以新增各類型的考題，請讀者自行嘗試。

- 將畫面捲動至頁面最上方，如下圖：

說明

當我們完成考題內容後，就可以執行上圖標示的 6 個程序，這是 Forms 所提供的一條龍服務。

樣式：可以指定「版面配置」、背景（圖片或影像）、開啟背景音樂

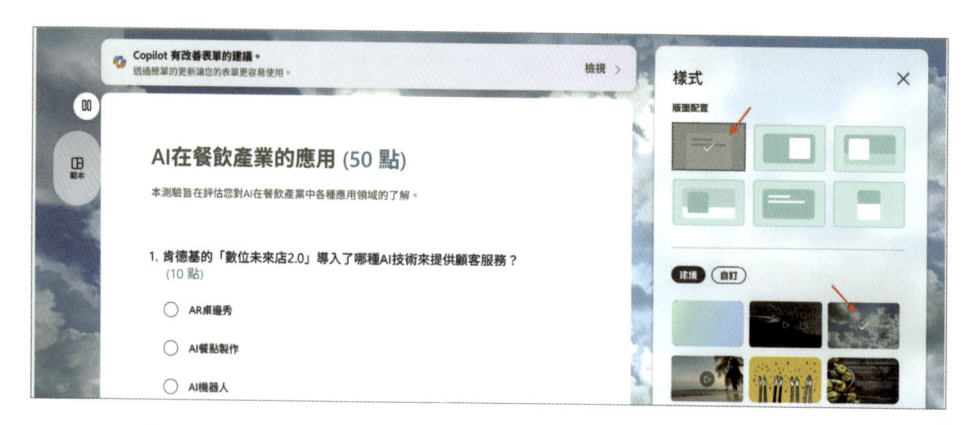

說明

請注意！上圖的版面已經更新為指定的：版面配置、背景圖。

設定：開啟或關閉「練習模式」、「自動顯示結果」、…

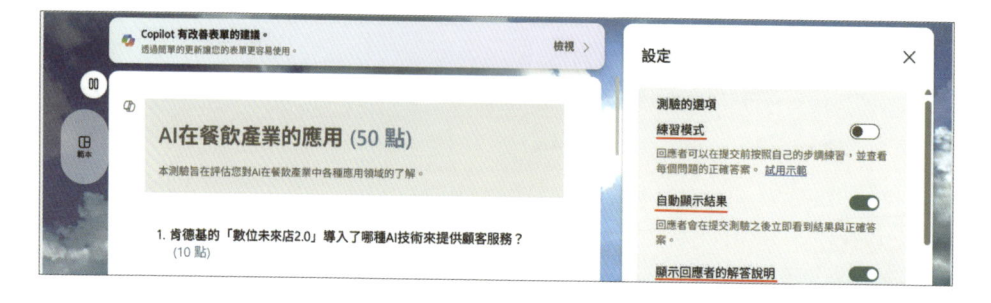

Copilot 的完整拼圖 5

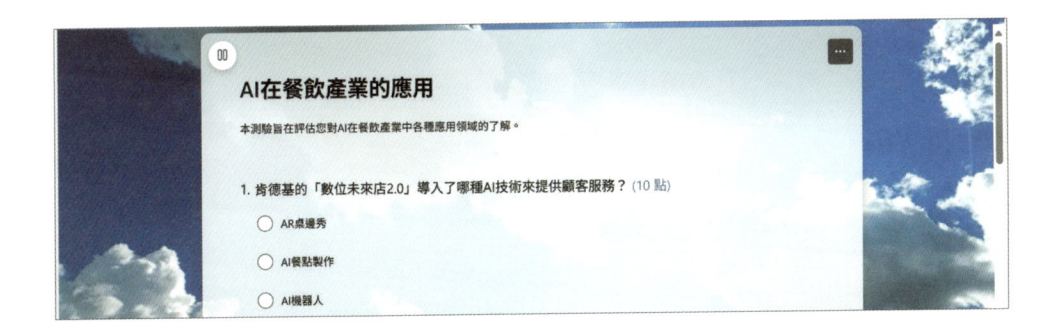

預覽：讓使用者進行考題實作測試

收集回應：指定【測驗】的分享媒介，請參考下圖：

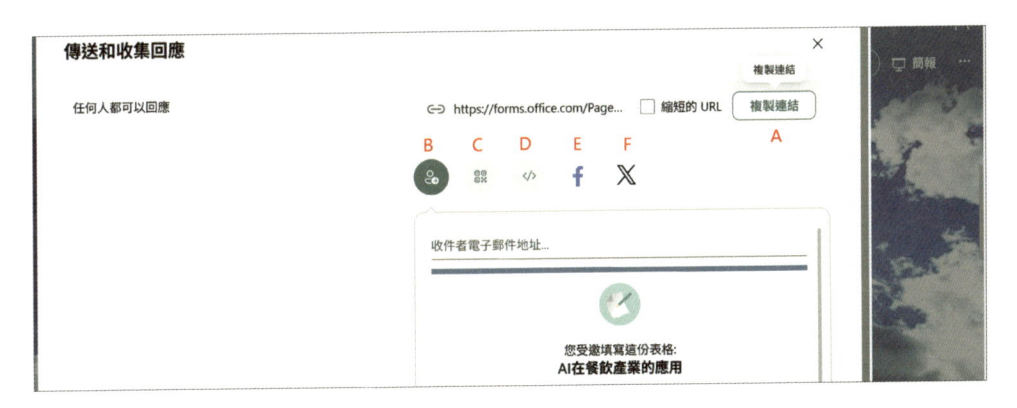

說明

A：產生超連結，將此超連結置於 E-mail、網頁、社群軟體均可。
B：直接將此測驗以電子郵件發送出去。
C：產生二維條碼，將此二維條碼置於 E-mail、網頁、社群軟體均可。
D：產生崁入程式碼，此程式碼可供程式設計師植入程式內。
E：將此測驗直接發布於 Facebook 平台。
F：將此測驗直接發布於 X 平台。

- 當參與此測驗的人受到測驗邀請，以上方 A~F 任何一種方式連結到測驗網址，如下圖：

- 完成測驗後，點選：提交鈕，點選：檢視結果，評分結果如下圖：

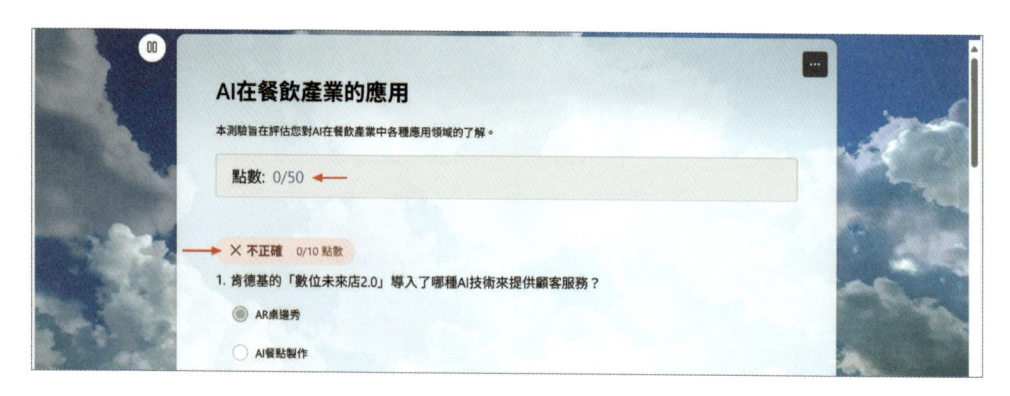

- 將畫面捲動至最下方，點選：儲存我的回應

Copilot 的完整拼圖 **5**

- 當測驗管理者想要了解目前測驗實施狀況時：
  點選：我的表單，點選：AI 在餐飲產業的應用

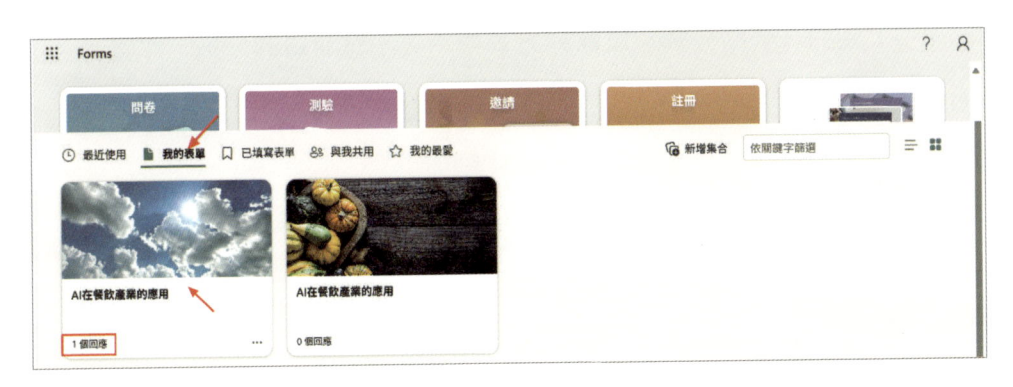

- 點選：檢視回應

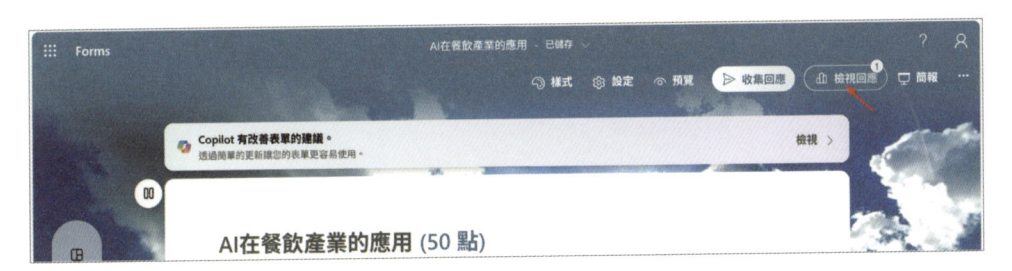

- 點選：在 Excel 中開啟結果

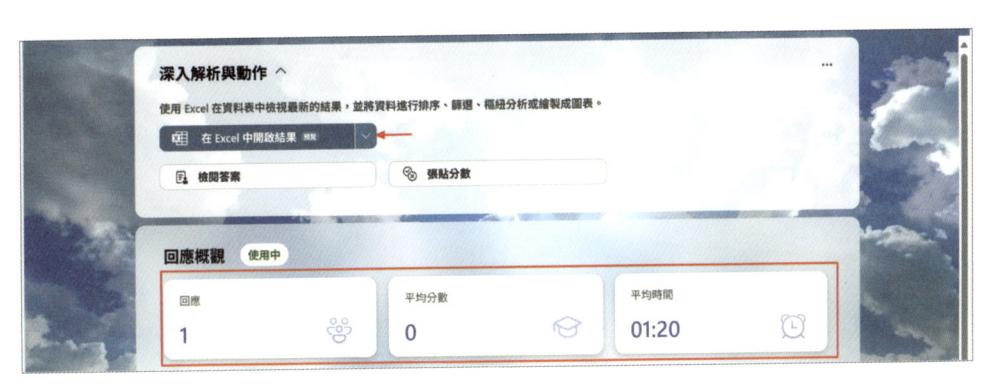

173

> **說明**
> 上圖的「檢閱答案」可以看到每一分的完整答題。
> 上圖的「張貼分數」以條列方式顯示每一份測驗的分數、作答時間。

結果如下圖：

Id	開始時間	完成時間	電子郵件	名稱	總點數
1	2025/4/16 10:28	2025/4/16 10:29	anonymous		0

> **說明**
> 完成此測驗的所有資料會自動被傳回，並存入 Excel 資料表內，後續的成績統計及分析便可一氣喝成。

簡報：將所有測驗回覆的資料整理為簡報投影片

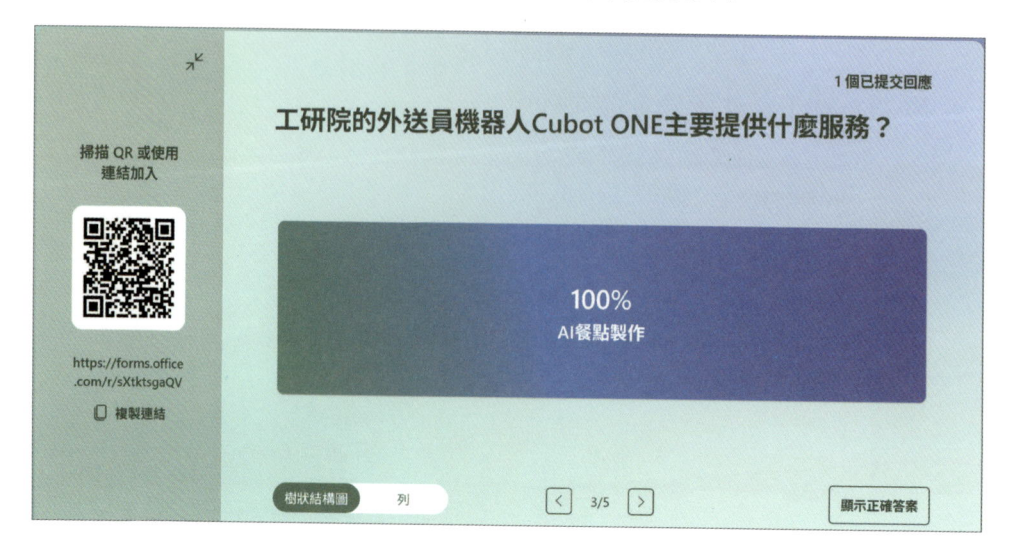

表單

這裡的表單指的是各種調查表，本單元我們將採用「範本」模式進行操作。

- 點選：表單

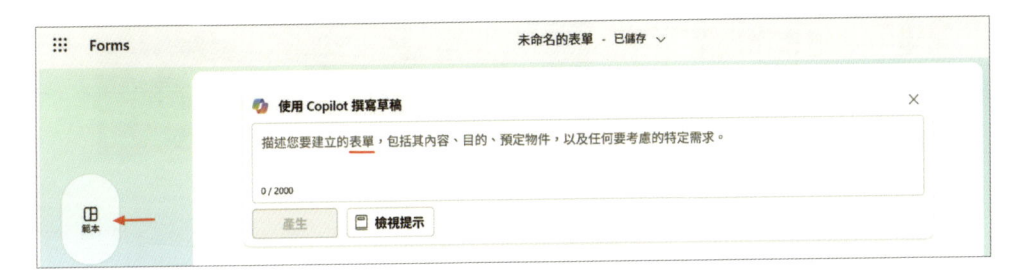

- 點選：範本鈕

> **說明**
> 系統提供的範本有 3 類：問卷、邀請、註冊，每一類都提供多個設計精美範本。

- 點選：客戶滿意度調查

- 往下捲動便可看到問卷項目，如下圖：

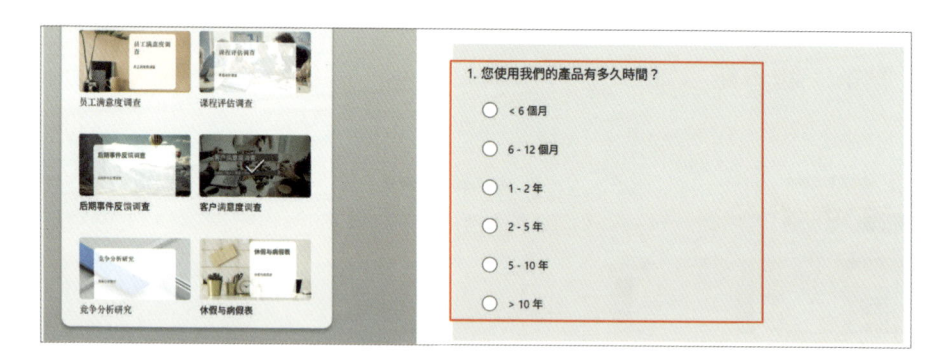

- 在灰色區域內點一下，問卷項目轉變為「編輯」模式，如下圖：

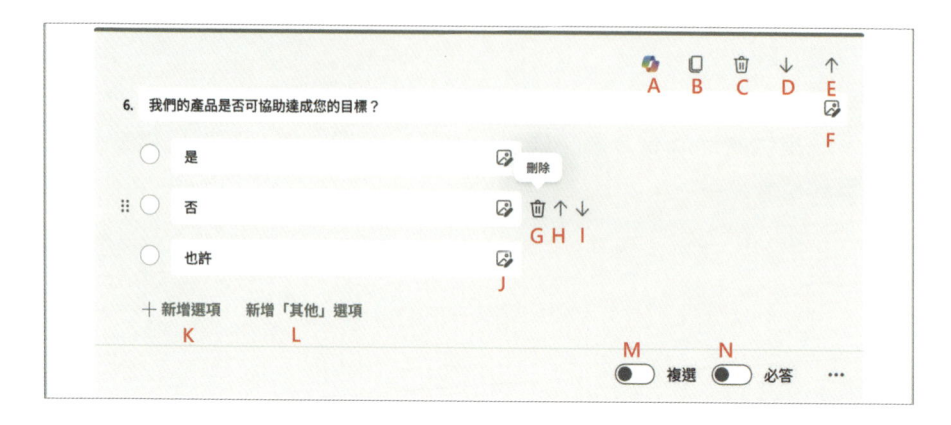

> **說明**
> 上圖中有標示紅色英文字的地方都是：可編輯、可設定。
> 題目及選項的文字內容都可編輯。
> 選項可刪除亦可新增，還可調整前後順序。
> 題目及選項都可插入多媒體檔案，例如：圖片、影片、聲音。
> 可以設定為「多」選題、「必」答題。

- 往下捲動便可看到相當多元的題型，如下圖：

4. 哪一項產品功能最有價值？
輸入您的答案

6. 我們的產品是否可協助達成您的目標？
○ 是
○ 否
○ 也許

7. 請評價您對於下列各項產品滿意度。

	非常不滿意	不滿意	中等	滿意	非常滿意
可靠性	○	○	○	○	○
易於使用	○	○	○	○	○
視覺吸引力	○	○	○	○	○
安全性	○	○	○	○	○
績效	○	○	○	○	○

11. 您建議朋友或同事使用敝公司的可能性有多少？
不可能 ☆ ☆ ☆ ☆ ☆ ☆ ☆ 非常可能

- 完成題目編輯後,將畫面捲動至頂端

  依序進行:樣式→設定→預覽→收集回應→檢視回應→簡報

> **說明** 上述的作業程序與「測驗」完全相同,請讀者自行測試。

Section
5.3 Outlook 電子郵件管理員

　　E-mail 是辦公室訊息傳遞的重要工具，寫信、回信當然也可以請 Copilot 來協助，本單元就以 Outlook 兩項最基本的功能：寫信、回信，進行 Copilot 的應用。

● 點選：應用程式，點選：Outlook

📭 寫信

以下是信件的基本資訊：

```
主旨：演講邀約
主辦單位：頂尖大學餐飲學院
受邀演講人：林文恭
演講題目：AI 在餐飲產業的應用
日期時間：2025/05/20  13:00 ～ 15:00
聯絡人：甄艾蔣
聯絡方式：0938013200（Mobile、Line Id）
```

179

- 點選：新郵件，選取：收件人，輸入信件主旨，如下圖：

> 說明
> 對於長官的尊敬是很重要的，請讀者自行設定【副本】收信者。

- 點選：信件內的提示詞鈕

提示詞　演講邀約

結果如下：

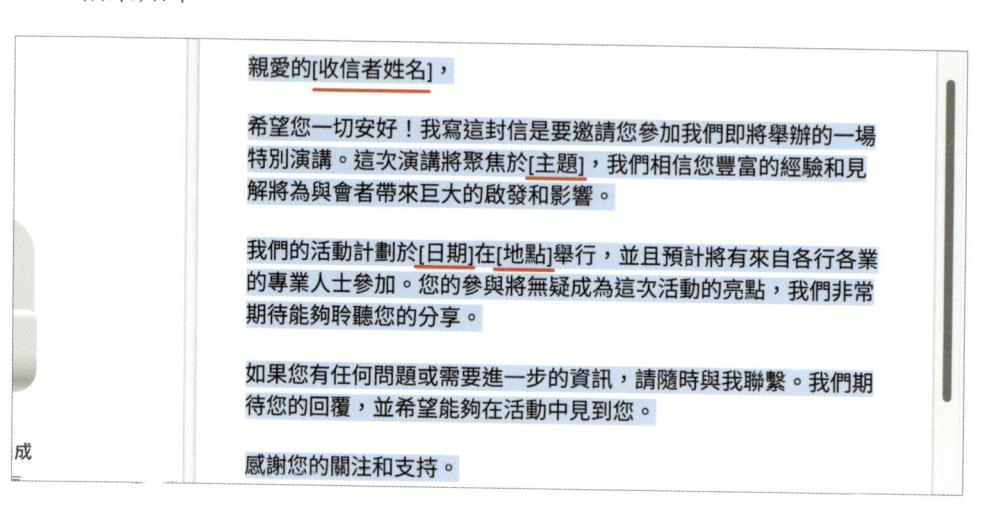

親愛的[收信者姓名]，

希望您一切安好！我寫這封信是要邀請您參加我們即將舉辦的一場特別演講。這次演講將聚焦於[主題]，我們相信您豐富的經驗和見解將為與會者帶來巨大的啟發和影響。

我們的活動計劃於[日期]在[地點]舉行，並且預計將有來自各行各業的專業人士參加。您的參與將無疑為這次活動的亮點，我們非常期待能夠聆聽您的分享。

如果您有任何問題或需要進一步的資訊，請隨時與我聯繫。我們期待您的回覆，並希望能夠在活動中見到您。

感謝您的關注和支持。

Copilot 的完整拼圖 5

> **說明**
> 由於提示詞中沒有提供任何資訊，因此產生一份必須「填空」的信件，填空欄位：[收件者姓名]、[主題]、[日期]、[地點]，這些都是演講邀請函中必須包藍的基本資料。

提示詞

主旨：演講邀約
主旨：演講邀約
主辦單位：頂尖大學餐飲學院
受邀演講人：林文恭
演講題目：AI 在餐飲產業的應用
日期時間：2025/05/20　13:00 ~ 15:00
聯絡人：甄艾蔣
聯絡方式：0938013200（Mobile、Line Id）

結果如下：

尊敬的林文恭教授，

您好！我謹代表頂尖大學餐飲學院誠摯地邀請您於2025年5月20日下午1點至3點，蒞臨本校進行一場主題為「AI在餐飲產業的應用」的演講。我們非常期待能聆聽您寶貴的見解，並相信您的分享將為我們的師生帶來豐富的啟發。

我們的聯絡人是甄艾蔣，您可以通過手機或Line與他聯繫，聯絡方式是0938013200。

非常期待您的回覆，並希望能夠有幸邀請您蒞臨指導。

> **說明**
> 提示詞中所提供的資訊被精準的填入信件中。
>
> 上面完成的只是草稿，還可以進一步做修正，修正的選項如右圖：

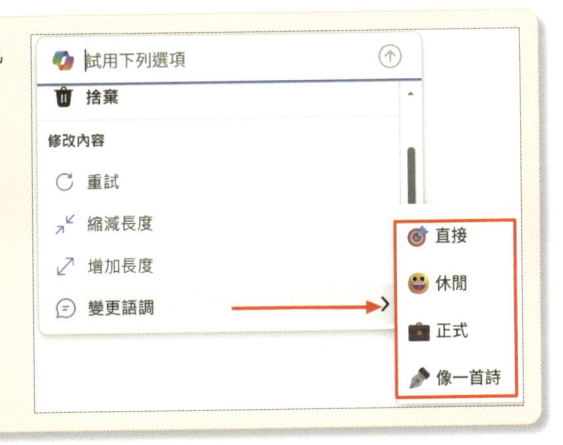

試用下列選項
- 捨棄
- 修改內容
- 重試
- 縮減長度
- 增加長度
- 變更語調 →
  - 直接
  - 休閒
  - 正式
  - 像一首詩

增加長度：

> 尊敬的林文恭教授，
> 您好！我謹代表頂尖大學餐飲學院誠摯地邀請您於2025年5月20日下午1點至3點，蒞臨本校進行一場主題為「AI在餐飲產業的應用」的演講。我們非常期待能聆聽您寶貴的見解，並相信您的分享將為我們的師生帶來豐富的啟發。這場演講將不僅限於討論AI技術在餐飲業中的現有應用，還將探討未來可能的創新和挑戰。我們希望通過您的演講，能讓師生們更深入了解AI技術在餐飲業中的潛力，並激發他們的創意思維。
>
> 我們的聯絡人是甄艾蔣，您可以通過手機或Line與他聯繫，聯絡方式為0938013200。他將竭誠為您提供任何必要的協助，包括交通安排、住宿及其他相關事宜。
>
> 非常期待您的回覆，並希望能夠有幸邀請您蒞臨指導。您的參與將使這次活動更加精彩，也將為本院的學術氛圍增添光彩。

變更語調→正式：

> 尊敬的林文恭教授，您好！我們頂尖大學餐飲學院謹此誠摯地邀請您於2025年5月20日下午1點至3點蒞臨本校，進行一場主題為「AI在餐飲產業的應用」的演講。十分期待能聆聽您的高見，相信您的分享定能為我們的師生帶來莫大啟發。演講內容將涵蓋AI技術在餐飲業中的現有應用以及未來的創新和挑戰。希望通過您的演講，使師生們能更深入了解AI技術在餐飲業中的潛力，並激發他們的創意思維。若您接受邀請，請聯絡我院聯絡人甄艾蔣，電話0938013200，或通過Line聯繫。他將為您提供必要的協助，包括交通安排、住宿及其他事宜。非常期待您的回覆，並希望能邀請您蒞臨指導。您的參與將使此次活動更加精彩，並為我們學院增添光彩。

- 點選：保留鈕（信件編輯完成）
- 點選：傳送鈕（信件寄出）

回信

- 延續上一個範例：演講邀請函
  當受邀者收到邀請函後，開啟信件
  點選：回覆鈕（回覆信件開啟）

- 點選信件內提示詞鈕，點選：「感謝邀請，我會參加」，如下圖：

結果如下:

> 尊敬的甄艾蔣,
>
> 您好!感謝您來函邀請我作為頂尖大學餐飲學院學術講座的特邀演講人。您的邀請令我深感榮幸和欣慰。
>
> 我很高興能有機會在2025年5月20日下午1點至3點,與大家分享關於"AI在餐飲產業的應用"的主題演講。我相信這將是一個非常有趣和充實的交流,並且希望能對師生們有所啟發和幫助。
>
> 我會在近日與您聯絡,以便我們進一步協調相關事宜。您提供的聯絡方式我已收到,稍後會與您詳細討論安排。
>
> 非常期待此次精彩的活動,並期待與您和大家見面。
>
> 祝好!
> 林文恭

Microsoft 365 Copilot｜Copilot x Office 完整應用術：工作學習效率大提升

作　　者：林文恭 / 林易民
企劃編輯：郭季柔
文字編輯：江雅鈴
設計裝幀：張寶莉
發 行 人：廖文良

發 行 所：碁峰資訊股份有限公司
地　　址：台北市南港區三重路 66 號 7 樓之 6
電　　話：(02)2788-2408
傳　　真：(02)8192-4433
網　　站：www.gotop.com.tw
書　　號：AEI008400
版　　次：2025 年 07 月初版
建議售價：NT$400

商標聲明：本書所引用之國內外公司各商標、商品名稱、網站畫面，其權利分屬合法註冊公司所有，絕無侵權之意，特此聲明。

版權聲明：本著作物內容僅授權合法持有本書之讀者學習所用，非經本書作者或碁峰資訊股份有限公司正式授權，不得以任何形式複製、抄襲、轉載或透過網路散佈其內容。
版權所有‧翻印必究

國家圖書館出版品預行編目資料

Microsoft 365 Copilot｜Copilot x Office 完整應用術：工作學習效率大提升 / 林文恭, 林易民著. -- 初版. -- 臺北市：碁峰資訊, 2025.07
　　面；　公分
ISBN 978-626-425-101-3(平裝)
1.CST：套裝軟體　2.CST：人工智慧
312.49　　　　　　　　　　114007011

本書是根據寫作當時的資料撰寫而成，日後若因資料更新導致與書籍內容有所差異，敬請見諒。若是軟、硬體問題，請您直接與軟、硬體廠商聯絡。